Hermann Gercke

Die Torpedowaffe

Ihre Geschichte, Eigenart, Verwendung und Abwehr

Hermann Gercke

Die Torpedowaffe

Ihre Geschichte, Eigenart, Verwendung und Abwehr

ISBN/EAN: 9783955640903

Auflage: 1

Erscheinungsjahr: 2013

Erscheinungsort: Bremen, Deutschland

EHV
HISTORY

Die Torpedowaffe,

ihre Geschichte, Eigenart, Verwendung und Abwehr.

Mit einem Anhange:

„Ueber den Untergang des Panzerschiffes „Maine“
der Flotte der Vereinigten Staaten von Amerika.“

Von

Hermann Gercke,
Korvettenkapitän.

Mit 48 Abbildungen.

Berlin 1898.
Ernst Siegfried Mittler und Sohn
Königliche Hofbuchhandlung
Kochstraße 68—71.

Inhalts-Verzeichniß.

Einleitung.

Die nachstehenden Blätter sind nicht für den Fachmann geschrieben.

Torpedos bauen und dieselben richtig handhaben sind Verrichtungen, welche eingehendes Studium und lange Uebung erfordern.

In dem Nachstehenden soll aber einem größeren Kreise soviel von dieser modernsten aller Waffen gesagt werden, als erforderlich ist, damit auch der Nichtfachmann sich ein richtiges Bild von dem Wesen der Waffe und der Art ihrer Anwendung zu machen im Stande sei.

Zu diesem Zwecke ist die Eintheilung des Buches getroffen worden in folgende Abschnitte:

I. Geschichtliches,
II. Die verschiedenen, jetzt gebräuchlichen Torpedos,
III. Verwendung auf Schiffen und Torpedofahrzeugen,
IV. Abwehr.

Der erste Abschnitt, obgleich streng genommen nicht hierher gehörig, ist zur Vervollständigung des Gesammtbildes, wenn auch nicht nothwendig, so doch erwünscht, weil aus den mannigfachen früheren Versuchen sich erst in der zweiten Hälfte dieses Jahrhunderts die verschiedenen Zweige der Unterwasserkriegführung herausgebildet haben.

In den meisten Marinen wird ein Torpedowesen und ein Minenwesen streng voneinander geschieden.

In Frankreich und den Vereinigten Staaten von Amerika werden auf einen dritten Zweig, die Unterwassernavigation, bedeutende Kosten und ein Ueberfluß von Scharfsinn und Erfindungsgeist verwendet.

Es ist hier mit Absicht das Wort „Ueberfluß“ gebraucht worden, denn für die Kriegführung ist die Unterwassernavigation so lange ohne Werth, als es nicht gelingt, ein ausreichendes Sehen unter Wasser zu ermöglichen oder Apparate herzustellen, welche die Augen ersetzen könnten.

Auch ein vierter Zweig der Unterwasserwaffen, die Unterwasserartillerie, hat seine Förderer. In England und den Vereinigten Staaten werden Unterwasserschießversuche gemacht, bei denen im Gegensatz zu den jetzt meist gebrauchten Torpedos die treibende Kraft in das Geschütz gelegt ist.

Alle diese Zweige haben einen gemeinsamen Stamm in der Vorgeschichte, welche deshalb in den hauptsächlichsten Daten kurz berührt worden ist.

Auch Wurzeln hat dieser Stamm. Man findet sie in dem griechischen Feuer und in mannigfachen sonstigen Kriegsmitteln des Alterthums.

Erster Abschnitt.

Geschichtliches.

Erstes Kapitel.

Die Vorläufer der jetzigen Torpedos bis zum amerikanischen Bürgerkriege.

Das Bestreben, brennende oder explodirende Körper oder Flüssigkeiten an, in oder auf ein feindliches Schiff zu bringen, ist uralt.

Es mag hier unerörtert bleiben, ob Alexander der Große (356 bis 323 v. Chr.), der schon im Besitze eines unterseeischen Bootes gewesen sein soll, oder Constantin der Große (374 bis 337 n. Chr.) zuerst das griechische Feuer angewendet haben, oder ob dieses erst zur Zeit des Kaisers Constantin Pagonatos (der Bärtige, 668 bis 685 n. Chr.) von dem Syrier Kallinikos erfunden wurde.

Dieses Kampfmittel sowie die Brander, welche bis in dieses Jahrhundert hinein verwendet worden sind,*) mögen hier ganz ausgeschaltet sein; nur möge bemerkt werden, daß das griechische Feuer späterhin wiederholt neu entdeckt worden sein soll, so 1702 von einem gewissen Poli, welcher sein Geheimniß dem König Louis XIV. († 1715) unterbreitete. Der König kaufte dem Erfinder sein Rezept ab, ließ es aber angeblich, da es gegen Menschen- und Völkerrecht verstieße, vernichten. Dieses Verhalten des Königs läßt sich indessen nur schwer mit der Thatsache zusammenreimen, daß unter seiner Regierung (1688) die sogen. Bombe von Algier gebaut wurde, welche nichts Anderes wie eine infernalische Maschine des Systems Gianibelli (vergl. S. 2) war. Zuletzt soll im Jahre 1863 ein Baron d'Arétin in München ein deutsches Manuskript, enthaltend ein Rezept für das griechische

*) England besaß 1702 bei 256 Kriegsschiffen 87 Brander, 1801 bei 760 Schiffen 10 Brander.

Feuer, aufgefunden haben. Der modernen Chemie dürfte es nicht schwer fallen, eine Menge von Rezepten für griechisches Feuer d. h. im Wasser brennende Körper oder Flüssigkeiten herzustellen. Der Erste, welcher eine Art von Torpedos, besser treibende, d. h. vom Strome fortgeführte Minen konstruirte, war der Italiener Federigo Gianibelli (auch Lambelli und Zambelli genannt).

Als die Spanier 1585 unter Alexander Farnese von Parma Antwerpen belagerten, hatten sie über die Schelde eine Brücke geschlagen. Gegen diese wurden die treibenden Minen Gianibellis verwendet.

Der Italiener benutzte vier flache Boote von je 70 bis 80 Tonnen*) Tragfähigkeit. Auf dem Boden jedes Bootes befand sich auf einem Fundamente aus Mauerwerk eine Sprengkammer von 1 Kubikmeter Inhalt.

Die Sprengkammern nahmen ungefähr 3500 kg Pulver auf und waren mit Feld-, Mühl- und Grabsteinen, Kanonenkugeln, Eisenstücken u. s. w. in mehrfachen Lagen überdeckt. Ueber dem Ganzen befand sich in jedem Boote ein Scheiterhaufen aus getheertem Holze, welches angezündet wurde, als man diese Fahrzeuge in Bewegung setzte. Der Feind sollte glauben, daß er einfache Brander vor sich habe.

Damit die Minen sicher Feuer fingen, war eine doppelte Zündung angebracht, nämlich eine Zündschnur, deren Brenndauer der Zeit entsprach, welche die Fahrzeuge bis zum Erreichen der Brücke brauchten, und ein Uhrwerk, welches wie eine Weckuhr arbeitete und im gegebenen Momente Feuer schlug.

Zugleich mit diesen vier Unheil bergenden Fahrzeugen wurden 13 gewöhnliche Brander dem Strome überlassen, damit ein dichter Rauchschleier die Minenfahrzeuge verberge.

Das Fahrzeug, welches den Namen „Die Hoffnung" trug, hatte den beabsichtigten Erfolg.

Die Brücke wurde zerstört, und die Explosion soll einen Verlust von 800 Todten und 1000 Verwundeten bewirkt haben. Alexander Farnese selbst entging mit knapper Noth dem Tode.

Gianibelli wurde indessen mit Undank gelohnt; er ging nach England, und 1588 ergriffen die Schiffe der Armada Philipps II.

---

*) Eine Tonne gleich 1000 kg.

bei Dünkirchen vor den Brandern oder Minen Gianibellis, welche die Engländer unter Lord Howard gegen die Spanier zur Anwendung brachten, die Flucht. Gianibelli starb in London.

Den soeben genannten sehr ähnliche Minen, in größerer und kleinerer Ausführung, wurden noch häufig mit mehr oder weniger Erfolg angewendet; so 1628 von den Vertheidigern von La Rochelle und den mit ihnen verbündeten Engländern gegen den berühmten von Richelieu erbauten Damm; 1688 von den Franzosen gegen Algier (die Bombe von Algier); 1693 bei St. Malo, 1694 bei Dieppe, 1695 bei Dünkirchen von den Engländern gegen die Franzosen; 1758 von den Engländern gegen Quebec; 1770 von den Russen bei Tschesmé gegen die Türken; 1800 von den Engländern bei der Isle d' Aix; 1804 bei Calais; 1809 bei Rochefort gegen die Franzosen; 1809 von den Oesterreichern bei Wagram und Eßlingen; 1813 bei Königstein gegen die Franzosen.

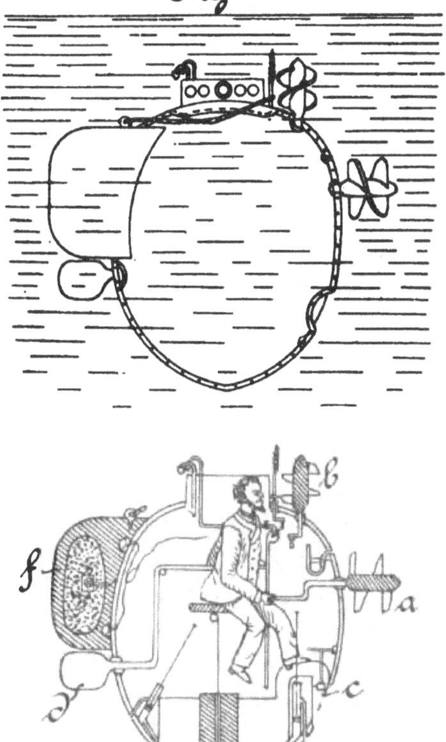

Ein neues Kampfmittel schuf 1773 bis 1775 der Amerikaner David Bushnell mit seinem „american turtle“ genannten Unterwasserboot. Nachdem er nachgewiesen hatte, daß es möglich sei, Detonationen auch unter Wasser hervorzubringen — nach anderen Quellen soll um dieselbe Zeit als erster der Engländer John Croß Unterwassersprengungen bewirkt haben —, konstruirte er das in Fig. 1 wiedergegebene Fahrzeug.

1*

Dasselbe hatte als Besatzung nur einen Mann. Seine äußere Gestalt glich zwei zusammengelegten Schildkrötendeckeln, deren Schwanzenden nach unten gerichtet sind. An seinem oberen Ende hatte das Boot einen Aufbau mit Gucklöchern. Die mit der Hand gedrehte Schraube a diente zur Fortbewegung. Zum Steigenlassen und Senken des Bootes diente die Schraube b. Außerdem konnte das Innehalten einer beliebigen Tiefe durch Wassereinlassen vermittelst des Ventils c bewirkt werden. Zum Steuern war das Boot mit dem Ruder d versehen; durch Fallenlassen des Gewichtes e konnte ein schnelles Aufkommen bewirkt werden. Die Mine f enthielt 150 Pfund Pulver und sollte vom Boote aus mit Schrauben an dem Boden des feindlichen Schiffes befestigt und vom Boot losgelöst werden. Ueber die Art der Zündung ist Bestimmtes nicht überliefert; vermuthlich war eine Zeitzündung vorgesehen. 1776 wagte es der Infanteriesergeant Ezra Lee, mit diesem primitiven Fahrzeug die englische Fregatte Eagle vor New York anzugreifen.

Durch zwei Boote ließ sich Lee in die Nähe der Fregatte schleppen; in der Nacht manövrirte er sich an das englische Schiff heran, konnte aber seine Mine nicht befestigen, da es ihm nicht gelang, die Schrauben durch die Kupferhaut des Schiffes hindurch zu treiben. Mit Tagesanbruch wurde Lee entdeckt, als er an die Oberfläche kam, wurde mit einem Hagel von Geschossen überschüttet und erreichte mit genauer Noth die amerikanischen Linien.

Vor Bushnell hatten schon der holländische Arzt Cornelius van Drebbel (1624) und die Patres Fournière und Mersenne (1653) Unterwasserboote konstruirt. Die Zahl der Projekte ist seitdem bis in die neueste Zeit Legion.

Thatsächliche Verwendung im Kriege hat das Unterwasserboot bislang aber nur noch einmal, am 17. Februar 1864, gefunden. An diesem Tage wurde das Flaggschiff der Nordstaaten-Flotte vor Charleston, Housatonik, durch ein Unterwasserboot zerstört. Der Angreifer ging dabei ebenfalls zu Grunde. Der Fall findet späterhin nochmals Erwähnung.

David Bushnell leitete im Jahre 1777 noch zwei Angriffe auf englische Schiffe. Es waren wieder Treibtorpedos — mit Pulver gefüllte und mit einer Kontaktzündung versehene Tonnen —, welche er verwendete, ohne mehr als eine Beunruhigung des Gegners zu erreichen.

Auch Bushnell, verstimmt über versagte Anerkennung, wandte seinem Vaterlande den Rücken, kehrte indeß später als Dr. Bush zurück, wurde Lehrer, dann ein berühmter Arzt und starb 1826 als reicher Mann.

Das Jahr 1797 brachte die ersten Unterwassergeschütze, welche indessen, da sie keine Erfolge aufzuweisen hatten, übergangen sein mögen. Die Erfinder waren die Franzosen Reveroni St. Cyr, Vater und Sohn. Bereits 1450 soll nach Angaben eines Herrn de Clairmont vor Cherbourg eine Unterwasserbatterie errichtet worden sein. Die Geschütze waren bei Ebbe eingegraben worden und sollten bei Fluth, wenn der Gegner über sie hinfuhr, abgefeuert werden. Nähere Angaben fehlen.

Das Jahr 1797 brachte indessen auch die Versuche Fultons, welcher auf dem Gebiete der Unterwasser-Kriegführung außerordentlich fruchtbar war. Fulton war es auch, welcher zuerst den Namen „Torpedo" (Zitterrochen) einführte.

Fulton konstruirte verankerte Torpedos, also die ersten Seeminen. Es waren dies Hohlgefäße, die mit Pulver gefüllt und mit einer Kontaktzündung versehen waren. Die Schlepptorpedos Fultons sollten durch Boote an den Feind gebracht werden. Seine Treibtorpedos bestanden aus einem Minengefäß, von welchem ausgehend eine Stange bis über die Wasseroberfläche ragte und hier den Kontaktzündapparat trug. Seine Harpunentorpedos beruhten auf folgender Idee: Eine Harpune wird abgeschossen und hakt sich an dem feindlichen Schiffe fest. An der Leine der Harpune ist das Sprenggefäß befestigt. Sobald nun das Schiff Fahrt macht, oder im Strome, muß die Leine und damit das Minengefäß längsseit treiben. Dadurch soll ein Kontakt und in weiterer Folge die Explosion und die Schädigung oder Vernichtung des Gegners bewirkt werden.

Fulton konstruirte auch die ersten Spierentorpedos. Von dem Bug eines Bootes oder Schiffes ragt eine Spiere, an deren äußerster Spitze ein Minengefäß mit Kontaktzündung angebracht ist, weit voraus. Mit dieser Spiere sollte der Gegner getroffen werden. Spierentorpedos sind späterhin oft zur Anwendung gekommen.

Es muß noch erwähnt werden, daß Fulton auch Pläne für Unterwassergeschütze fertiggestellt hatte und mit mehreren Unterwasserbooten manchen Erfolg — wenn auch nicht im Kriege — erreichte.

Napoleon interessirte sich lebhaft für Fultons Versuche; seine Ungeduld verhinderte ihn aber, den Erfolg abzuwarten. Der französische Admiral Decrès hatte Fulton mit Verachtung abgewiesen. Napoleon ließ indessen späterhin (1809) Fultons Projekte wiederaufnehmen und durch die Brüder Coëssin ein Unterwasserboot bauen.

Auch für die Unterwasserartillerie interessirte sich Napoleon.

Aus dem Jahre 1803 existirt ein längerer Schriftwechsel zwischen dem Kaiser einer- und dem Marschall Soult sowie dem Admiral Bruix andererseits, betreffend den Bau einer unterseeischen Batterie bei Boulogne. Es läßt sich aber ein klares Bild über die gedachte Art der Verwendung nicht gewinnen.

Nachdem Fulton in Frankreich abgewiesen war, ging er 1804 nach England. Es gelang ihm daselbst, viele effektvolle Sprengungen vorzuführen, als aber sein Gönner Pitt stürzte, verließ auch er dieses Land und wandte sich nach Amerika.

Trotz seiner Erfolge blieben die Amerikaner kalt, der Admiral Rodgers gab ein ungünstiges Urtheil über Fultons Kriegsmittel ab, und 1815 starb Fulton mit Hinterlassung von 100 000 Dollars Schulden. Es sind wohl auch nicht seine Verdienste um das Torpedowesen, sondern diejenigen um die Seedampfschifffahrt, durch welche im Jahre 1838 der Kongreß der Vereinigten Staaten sich veranlaßt fühlte, der Familie Fultons eine Dotation von 100 000 Dollars zu bewilligen.

Eine späterhin vielfach weiterverfolgte Idee führte als erster 1811 der französische General Paixhans aus. Er versah ein Boot an seinem Buge mit einer Kontaktmine und trieb das Boot, indem er hinten eine Rakete von großem Kaliber in der Kielrichtung anbrachte und abbrennen ließ. Paixhans erreichte damit eine grade Schußdistanz von 420 Fuß. Diese Vorrichtung muß mit vollem Recht als der erste automobile Torpedo bezeichnet werden. Die Versuche Paixhans', der auch Erfinder der Bombenkanonen ist, wurden bei dem Aufbruche der Armee nach Rußland eingestellt.

Die Jahre 1812 und 1813 brachten einige mißlungene Versuche der Amerikaner gegen die Engländer mit Treibtorpedos eines gewissen Mix. Abgesehen von einigen erfolglosen Versuchen der Russen im Krimkriege ist bis zum Beginne des amerikanischen Bürgerkrieges im Torpedowesen keine Weiterentwickelung zu verzeichnen. Von

Interesse dürfte es aber sein, daß 1821 ein Engländer Johnson ein Unterwasserboot konstruirte zu keinem geringeren Zwecke, als mit demselben Napoleon von St. Helena zu entführen. Bekanntlich starb der Kaiser am 5. Mai 1821, das Boot verlor mithin seine Bestimmung; Johnson soll aber auf der Themse mit seinem Boote ausgedehnteste Fahrten gemacht haben. In den fünfziger Jahren fanden auch die Versuche Bauers statt, dessen Unterwasserboot noch heute in Kiel zu sehen ist.

Es muß schließlich noch erwähnt werden, daß der Franzose Gillot im Jahre 1805 die elektrische Zündung erfunden hatte, daß in den vierziger Jahren der amerikanische Oberst Colt (der Erfinder des modernen Revolvers) ausgedehnte, aber sehr geheim gehaltene Sprengversuche geleitet haben soll, daß 1846 in Spezzia unter dem Prinzen von Joinville sehr befriedigende Sprengversuche von Hafensperren als Friedensübungen stattgefunden haben, daß in demselben Jahre der Professor Schoenbein die Sprengwirkung der Schießbaumwolle*) fand, daß 1847 Sobrero im Laboratorium Pelouzes das Nitroglycerin herstellte, und daß von 1831 an bis in die neueste Zeit mannigfache Unterwassersprengungen namentlich zur Verbesserung von Fahrwassern (z. B. des Binger Loches) stattgefunden haben.

Zweites Kapitel.

Die Minen und Torpedos im nordamerikanischen Bürgerkriege.

War es in früheren Kriegen den Unterwasserwaffen nicht beschieden, eine Rolle zu spielen, so sollte dieses im Sezessionskriege (1861 bis 1865) desto mehr der Fall sein.

Da beim Beginne des Krieges der weitaus größte Theil der Flotte sich für die Nordstaaten erklärte und das maritime Uebergewicht — wenn auch aus Mangel an Kriegsschiffen nicht von Anfang an — auf der Seite der Nordstaaten war, so ist es erklärlich, daß die Südstaaten mit großer Rührigkeit sich der neuen Waffe bedienten, um jenes Uebergewicht zu untergraben.

Durch Kongreßakte der Südstaaten wurde 1862 der Torpedo, wie man damals die Mine, gleichgültig ob stationär oder beweglich,

*) Die Schießbaumwolle wurde 1833 von Braconnot und einige Jahre später von Pelouze hergestellt.

nannte, für legitim erklärt, und weil, wie schon erwähnt die Nordstaaten die Seegewalt errangen, mithin auch auf der See die Angreifer waren, so ist es erklärlich, daß die Verluste durch Seeminen fast ausschließlich ihre Schiffe betrafen.

So sind denn nicht weniger als 37 Fälle zu verzeichnen, bei denen der Torpedo eine meist erfolgreiche Rolle gespielt hat.

Es darf indessen nicht vergessen werden, daß die weitaus größte Zahl dieser Vorkommnisse sich auf ausgedehnten Flußrevieren abgespielt hat, auf denen es leichter sein dürfte, Minensperren dann und so zu legen, daß sie der Aufmerksamkeit des Angreifers entgehen.

Es muß in Betracht gezogen werden, daß die Angreifer erst Erfahrungen sammeln mußten, wie dem neuen Vertheidigungsmittel zu begegnen war. Man muß bedenken, daß viele, wenn nicht die meisten Schiffe der Nordstaaten nicht daraufhin konstruirt waren, Unterwasserexplosionen aushalten zu können, und daß es keine Abwehrmittel gab; man muß von der obengenannten Zahl zwei Fälle abrechnen, in denen durch Unerfahrenheit in der Behandlung die Minen nicht dem Feinde schädlich wurden, sondern ihre Wirkung gegen den Vertheidiger selbst richteten,*) und man darf schließlich zwei weitere Fälle außer Betracht lassen, bei denen von den Südstaaten ein schnödes Mittel angewendet wurde, um den Schiffen der Nordstaaten Schaden zuzufügen. Letztere beiden Fälle mögen hier gleich vorweg genommen werden. Es waren dies die Affaire von City Point und der Untergang des Nordstaaten-Kanonenbootes „Greyhound" auf dem James River.

Ersterer Fall betrifft die Anwendung einer sogenannten Höllenmaschine. Die Schiffe der Nordstaaten nahmen in City Point Munition ein. Ein Arbeiter mischte sich unter die Mannschaften, setzte inmitten der großen Menge von Munition ein Packet nieder und entfernte sich. Das Packet explodirte, brachte einen Theil der Munition ebenfalls zur Detonation und bewirkte einen sehr großen Verlust an Menschenleben und Material. Die Zahl der Todten und Verwundeten konnte nicht festgestellt werden. Man thäte Unrecht, wenn man die hier gebrauchte Höllenmaschine, welche sowohl früher

*) Die Konföderirten-Dampfer „Marion" und „Ettiwa" gingen beim Minenlegen verloren.

wie später,*) wenn auch nicht als Kriegsmittel, gebraucht worden ist, eine Mine oder gar einen Torpedo nennen wollte.

Der zweite Fall, d. i. der Untergang des Nordstaaten-Kanonenbootes „Greyhound", betrifft die Anwendung des sogenannten Coal-torpedo. Die Kohlentorpedos waren nichts Anderes als Pappgefäße, welche mit 5 kg sehr brisanten Pulvers gefüllt waren, und denen man künstlich das äußere Ansehen eines Kohlenstückes, wie es aus dem Schachte gefördert und an Bord verheizt wird, gegeben hatte.

Die Südstaaten hatten eine Zahl von Strolchen und verkommenen Subjekten zu einem förmlichen Korps organisirt, welches diese Unheil bergenden, nichtswürdigen Minen unter die Kohlen zu mischen hatte, die für die Nordstaatenschiffe bestimmt waren. Gelangte solche Mine in die Feuer eines Kessels, so explodirte sie, und thatsächlich fand das oben genannte Kanonenboot am 27. November 1864 auf dem James River durch einen Coal-torpedo seinen Untergang.

Es braucht kaum erwähnt zu werden, daß der „Greyhound" nur ein kleines, gebrechliches Fahrzeug war und daß die Anwendung dieser Waffe und die Bezeichnung „Torpedo" für dieselbe Mißbräuche sind.

Es bleiben sonach 33 Fälle übrig, von denen 27 auf mehr oder minder erfolgreiche Explosionen von stationären Minen zu rechnen sind, während Torpedoboote, darunter wieder ein Unterwasserboot, sechsmal in Aktion getreten sind.

Die vorhin genannten 27 Fälle sind schnell aufgezählt. Sie betreffen nur Nordstaatenschiffe und Minen der Südstaaten:

1. Am 12. Dezember 1862 gerieth das Panzerschiff „Cairo" im Yazoo-River auf eine Mine und sank in 12 Minuten.

Dasselbe Schicksal ereilte die nachstehenden Schiffe:

2. Kanonenboot „Baron de Kalb", Yazoo-River, 22. Juli 1863.
3. Ein Parlamentärboot, James-River, Ende 1863.
4. Transportdampfer „Maple Leaf", St. Johns-River, Florida, 1. April 1864.
5. Gepanzertes Schiff „Eastport", Red-River, 15. April 1864.
6. Dampfer „Commodore Jones", James-River, 6. Mai 1864.

*) Z. B. von dem sogenannten Massenmörder Thomas 11. Dezember 1875 gegen den Dampfer des Norddeutschen Lloyd „Mosel". Der Mann hieß übrigens Keith und war Amerikaner.

7. Transportdampfer „H. A. Weed", St. Johns-River, 9. Mai 1864.

8. Transportdampfer „Alice Wood", St. Johns-River, 19. Juni 1864.

9. Monitor „Tecumseh", Mobile Bay, 5. August 1864. Dieses Ereigniß fand bei der Forcirung von Mobile durch die Flotte des Admirals Farragut statt. Die Bucht von Mobile wurde durch Küstenforts, eine Flottille von Schiffen der Konföderirten und durch eine Minensperre vertheidigt. Unter dem heftigsten Feuer der Forts und der feindlichen Schiffe drang Farragut vor. Als die Tecumseh beinahe momentan unterging, nachdem sie auf eine Mine gestoßen war, zögerte ein Schiff der Linie Farraguts im Avanciren. Auf eine Anfrage des Admirals nach dem Warum erhielt er zur Antwort: „Die Torpedos"!

Die Antwort des Admirals war sehr charakteristisch, nämlich: „Damn the torpedoes, go on!" (Wie Farragut, so war auch später der in Türkischen Diensten stehende englische Seeoffizier Hobart Pascha, welcher sich als Führer von Blockadebrechern im Secessionskriege und als Höchstkommandirender der türkischen Seestreitkräfte im russisch-türkischen Kriege [1877—1878] einen Namen machte, ein arger Verächter der Torpedos.) Die Tecumseh nahm ihren Kommandanten und 70 Mann der Besatzung mit in die Tiefe. Weitere Schiffe gingen an diesem Tage in Mobile durch Minen nicht verloren.

10. Kanonenboot „Narcissus", Mobile Bay, 8. Dezember 1864.

11. Die Dampfer „Otsego" und „Bazeby", Roanoke-River, 9. Dezember 1864. Ersteres Schiff gerieth auf eine Mine, letzteres wollte Hülfe leisten und ging dabei ebenfalls zu Grunde.

12. Monitor „Patapsco", bei Charleston, 15. Januar 1865.

13. Dampfer „Harvest Moon", bei Georgetown, 1. März 1865.

14. Transportdampfer „Thorne", Cape Fear-River, 4. März 1865.

15. Kanonenboot „Althea", Blackely-River, 12. März 1865.

16. Monitor „Milwaukee", Blackely-River, 28. März 1865.

17. Monitor „Osage", Blackely-River, 29. März 1865 (Treibtorpedo).

18. Kanonenboot „Rodolph", Blackely-River, 1. April 1865.

19. Kanonenboot „Ida", Blackely-River, 13. April 1865.

20. Kanonenboot „Scotia", Mobile Bay, 14. April 1865.

21. Transporter „Hamilton", Mobile Bay, 12. Mai 1865.

22. Kanonenboot „Jonquiel", Ashley-River, 6. Juni 1865.

Die Fälle, in denen nur eine Beschädigung, nicht aber ein Verlust des Schiffes eintrat, sind die folgenden:

23. Monitor „Montauk", Ogeechee-River, 28. Februar 1863.

24. Kanonenboot „Commodore Barney", James-River, 8. August 1863.

25. Transportdampfer „John Farrow", James-River, September 1863.

26. Kanonenboot „Osceola", Cape Fear-River, 20. Februar 1863.

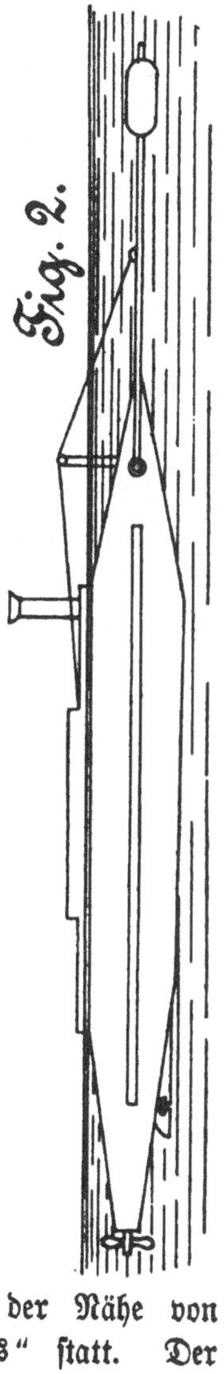

Der letzte, dem Datum nach aber der erste Fall, betrifft 27. die Kanonenboote, welche am 18. Februar 1863 den Savannah-River forciren sollten. Bei dieser Gelegenheit wurde nur ein Aufenthalt der Angreifer, nicht aber eine Beschädigung von Schiffen erreicht.

Während Seeminen nur von den Südstaaten angewendet wurden und weil sie in der Defensive auch nur von diesen angewendet werden konnten, wurden Torpedoboote auf beiden Seiten gebaut und gebraucht.

Den Anfang machten die Nordstaaten, indem sie (zum Zweck der Zerstörung des Südstaaten-Widderschiffes „Merrimac", welches späterhin dem berühmten „Monitor" — dem ersten seiner Art — unterlag) den Auftrag zum Bau eines Unterwasserbootes gaben. Dieses Boot ist zwar auf Stapel gelegt, aber nicht vollendet worden, denn der Erfinder zog es vor, gelegentlich zu verschwinden.

Von den vielen während des Krieges gebauten Unterwasserbooten hatte nur eines Erfolg, wenn überhaupt dieses Boot ein Unterwasserboot war.

Fig. 2.

Der erste Torpedobootsangriff fand in der Nähe von Charleston auf das Nordstaatenschiff „Ironsides" statt. Der Angreifer war ein kleines Dampfboot mit nur vier Mann Besatzung und einem Spierentorpedo. Die Abbildung Fig. 2 zeigt das Boot.

Der Rumpf hatte die Form einer Cigarre; der Bug lief unter Wasser in eine lange Spiere aus, welche an ihrem äußersten Ende eine Mine von 30 kg Pulver mit Kontaktzündung trug.

Gegen 9 Uhr pm. am 5. Oktober 1863 bemerkte man an Bord der „Ironsides" einen Gegenstand, der sich dem Schiffe näherte. Bei der Dunkelheit erkannte man die feindliche Absicht zu spät; zu spät wurde der Gegenstand angerufen; die Antwort war ein Gewehrschuß, dem der wachthabende Offizier zum Opfer fiel; zu spät wurde das Feuer auf den Angreifer eröffnet. Durch die Detonation wurde das Schiff schwer beschädigt und kampfunfähig. Das angreifende Boot war durch die niederstürzenden Wassermassen halb mit Wasser gefüllt worden, entkam aber. Der Kommandant des Torpedobootes und ein Mann der Besatzung waren nach der Detonation über Bord gesprungen, da sie gemeint hatten, daß das Boot untergehen würde.

Der zweite Torpedobootsangriff hat am 17. Februar 1864 vor Charleston stattgefunden und soll von einem Unterwasserboot des Systems der Brüder Coëssin ausgeführt worden sein. Angegriffen wurde das Flaggschiff der Nordstaaten „Housatonik".

Angreifer und Angegriffener sanken. Gegen 9 Uhr pm. sah man von Bord des „Housatonik", wie sich eine Planke dem Schiffe näherte.

Sofort wurde die Kette geslippt*), man ließ die Maschine rückwärts schlagen, konnte aber dem Unheil nicht entgehen. Von der Besatzung des Bootes wurde Niemand, von derjenigen des Schiffes wurden nur Wenige gerettet.**)

Der dritte Torpedobootsangriff fand auf dem North Edisto-River, Süd Carolina, am 6. März 1864 statt. Der Angreifer war eben solches Torpedoboot, wie es Fig. 2 zeigt, der Angegriffene war das Nordstaatenschiff „Memphis". Es gelang dem Schiffe, rechtzeitig die Ankerkette zu slippen und sich in Bewegung zu setzen, die Schraube des Schiffes schlug dem Torpedoboote die Spiere ab, und der Angriff mißlang.

---

*) Kette slippen bedeutet im Gegensatz zum zeitraubenden Ankerlichten, die Kette im Schiffe lösen und ins Wasser fallen lassen. Bei geeigneten Vorbereitungen ist das im Moment geschehen.

**) Zeichnungen und Beschreibungen des Bootes fehlen. Nach einem französischen Autor ist das Boot kein Unterwasserboot gewesen, sondern ein nur wenig über Wasser ragendes Torpedoboot (Fig. 2).

Der vierte Torpedobootsangriff wurde um 2 Uhr am. am 9. April 1864 auf das Nordstaatenschiff „Minnesota“ im James-River ausgeführt. Obgleich der Angreifer rechtzeitig bemerkt wurde, gelang es ihm doch, seinen Torpedo zur Explosion zu bringen. Die „Minnesota“ wurde schwer beschädigt, das Torpedoboot entkam.

Der fünfte Torpedobootsangriff am 19. April 1864 war gegen die Nordstaatenfregatte „Wabash“, welche inmitten vieler anderer Schiffe der Blockadeflotte vor Charleston lag, gerichtet. Das Boot war wieder ein David (Fig. 2), wie diese kleinen Fahrzeuge im Gegensatze zu den großen Schiffen genannt wurden, die im Zweikampfe als Repräsentanten des Goliath gedacht waren. Die „Wabash“ bemerkte den Feind rechtzeitig, slippte die Ankerkette und ergriff die Flucht. Das Torpedoboot zog sich zurück.

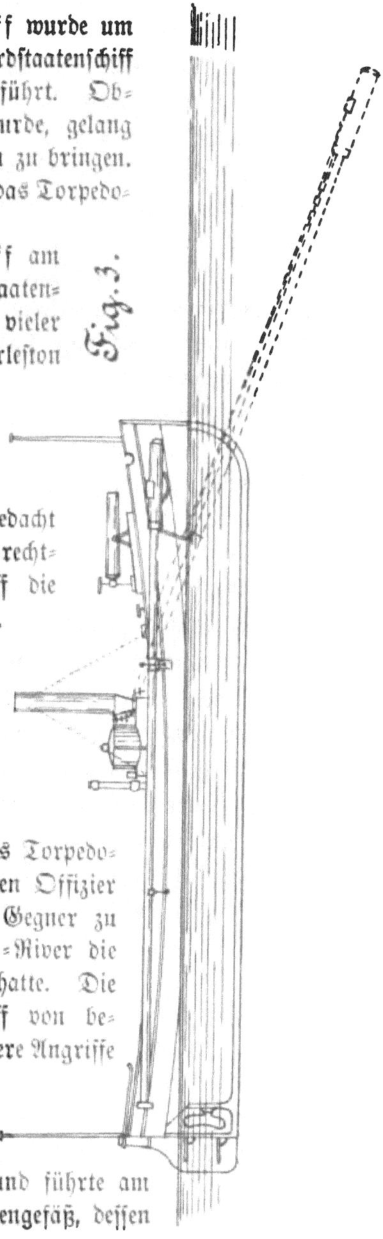

Der sechste und letzte Torpedobootsangriff dieses Krieges ist das berühmt gewordene Unternehmen des Lieutenants der Nordstaatenflotte Cushing gegen das Südstaaten-Panzerschiff „Albemarle“. Nach langem Zögern hatten sich die Nordstaaten endlich entschlossen, ebenfalls Torpedoboote zu bauen, und dem vorhin genannten Offizier gelang es, mit Hülfe eines solchen einen Gegner zu besiegen, der schon lange auf dem Roanoke-River die Unternehmungen der Föderirten vereitelt hatte. Die „Albemarle“ war ein großes Panzerschiff von bedeutendem Gefechtswerthe, hatte bereits mehrere Angriffe der Nordstaatenflotte zurückgeschlagen und führte den stolzen Beinamen the terror of the sunds. Das Torpedoboot Cushings war von der in Fig. 3 dargestellten Art und führte am Bug eine Spier mit daran befestigtem Minengefäß, dessen

Fig. 3.

Ladung vom Boote aus gezündet wurde. Das Boot hatte außer dem Kommandanten eine Besatzung von 13 Mann. Berühmt wurde der Angriff durch die Art seiner Durchführung und seinen Erfolg, zumal er der erste und letzte von Seiten der Nordstaaten war.

In der Nacht vom 26. zum 27. Oktober 1864 lag die „Albemarle" in der Nähe von Plymouth, Nord-Carolina, zu Anker. Das Torpedoboot näherte sich dem Schiffe zuerst langsam, dann, als es entdeckt war, mit äußerster Kraft. Cushing selbst hatte die Abzugsleine in der Hand. Unter heftigstem Feuer des Schiffes erfolgte der Stoß, die Mine wurde im richtigen Augenblick gezündet, und Schiff und Boot sanken. Cushing selbst und einige seiner Leute retteten sich durch Schwimmen.

Die Summe aus Vorstehendem ergiebt: Es sind in 33 Fällen, bei denen Unterwasserwaffen in Wirkung getreten, vernichtet worden: 27 Schiffe, Fahrzeuge und Boote, nämlich die auf Seite 9 u. f. angeführten 22 Fälle, darunter der Doppelfall Nr. 11, also 23, ferner beim zweiten und sechsten Torpedobootsangriff Angreifer und Angegriffener, also 4; zusammen 27.

Es wurden schwer beschädigt 6 Schiffe.

Es verliefen ohne Ergebniß 3 Fälle.

Schon am Eingange dieses Kapitels waren die Gründe dargelegt worden, welche zu diesem für die Unterwasserwaffen so günstigen Ergebniß geführt haben.

Es wäre sehr übereilt, aus den oben angeführten Daten und Zahlen auf die Wirksamkeit und Bedeutung der Minen und Torpedos zu schließen. Obige Zahlen ergeben für 33 Fälle einen Gesammtverlust von 33 Schiffen und Fahrzeugen. Das wären 100 Prozent. Schon das nächste Kapitel wird zeigen, daß man bei den Unterwasserwaffen nicht mit einem Erfolge von 100 Prozent rechnen darf, ganz abgesehen davon, daß in zwei Fällen die Torpedoboote, wenn auch vielleicht nicht ganz freiwillig, die Rolle des Arnold von Winkelried übernommen und durchgeführt haben.*)

Aber Zweierlei lehren die Ereignisse dieses Krieges. Erstens, daß die Herrschaft zur See durch die Unterwasserwaffen allein nicht

*) Die Besatzungen waren bei den Unternehmungen aus Freiwilligen zusammengestellt worden.

errungen und gehalten werden kann. Ferner aber zeigen besonders der Fall 9 der Tecumseh vor Mobile und die Torpedobootsangriffe, daß in sinngemäßer Uebertragung auch auf See wie überall im Kriege der Ausspruch Suworoffs sich bewahrheitet, daß nämlich der Lorbeerkranz des Sieges an der Spitze des Bajonetts hängt.

Drittes Kapitel.

Der Torpedo in den letzten Kriegen.

Schon im vorigen Kapitel sind die Ereignisse, welche durch Minen herbeigeführt wurden, und diejenigen, welche den Torpedo zur Ursache hatten, voneinander getrennt worden. Fortan tritt der Torpedo als Angriffswaffe mehr in den Vordergrund.

Es sind zwar Minen in fast allen späteren Kriegen verwendet worden, als Ereigniß von Wichtigkeit ist aber nur die Zerstörung des brasilianischen Panzerschiffes „Rio de Janeiro" am 2. September 1866 auf dem Paraguay zu verzeichnen. Dieses Schiff gerieth bei Curupaity auf die dort gelegte Minensperre und sank infolge gleichzeitiger Explosion zweier Minen in wenigen Sekunden.

Im Jahre 1868 erfanden die amerikanischen Seeoffiziere Commodore Frederic Harvey und Kapitän John Harvey den nach ihnen benannten (Schlepp-) Torpedo.

Da diese Waffe aber in der Praxis nur zweimal, und zwar ohne Erfolg aufgetreten ist und durch den 1864 bis 1868 entstandenen Whiteheadtorpedo überflügelt und inzwischen überall wieder abgeschafft wurde, so sei sie hier übergangen.

Der Whiteheadtorpedo wird späterhin eingehender beschrieben werden. Seine erste Anwendung, wennschon zunächst mit Mißerfolg, fand am 29. Mai 1877 statt.

Die englischen Schiffe „Shah" und „Amethyst" hatten an diesem Tage ein Gefecht mit dem peruanischen Panzerschiffe „Huascar", welches zur Partei der Insurgenten gehörte und verschiedentlich englische Rechte verletzt hatte.

Während des Gefechtes lanzirte der „Shah" einen Torpedo auf den „Huascar". Die Entfernung aber war groß, der „Huascar" drehte zudem in die Laufrichtung des Torpedos und lief mit einer Geschwindigkeit von 11 Knoten. Da der verwendete Whiteheadtorpedo aber nur 9 Knoten lief, so konnte er naturgemäß sein Ziel nicht erreichen.

Im russisch-türkischen Kriege 1877—78 sind Torpedos verschiedener Konstruktion häufig angewendet worden, und zwar bei Batum (erster Fall), Matschin, Sulina (erster Fall), Rustschuk, Olti, Sukhum, Sulina (zweiter Fall), Batum (zweiter Fall) und Batum (dritter Fall). Nachstehend seien die verschiedenen Fälle kurz erwähnt. Gebraucht wurden, wo nicht andere Torpedos genannt sind, nur Spierentorpedos (Fig. 3.)

Batum. Der russische Dampfer „Constantin" fungirte als Stammschiff mehrerer Torpedoboote. In der Nacht vom 12. zum 13. Mai 1877 wurden die Boote zum Angriff auf mehrere bei Batum zu Anker liegende türkische Schiffe entsendet. Die Boote „Sinope", „Navarin" und „Sukhum Kalé" führten Spierentorpedos, das Boot „Tschesmé" einen Schlepptorpedo des Systems Harvey.

Letzterem Boote gelang es, seinen Torpedo an den Feind zu bringen. Die Zündung des Torpedos versagte aber, und die russischen Boote mußten sich zurückziehen.

Matschin. Es waren wiederum vier russische Boote, „Cesarewitsch", „Xenia", „Djigit" und „Cesarewna", welche den Angriff in der Nacht vom 25. zum 26. Mai auf die in dem Donau-Arme Matschin befindlichen türkischen Kriegsschiffe „Feth-ul-Islam", „Duba-Seifi" und den türkischen Dampfer „Kilidj-Ali" ausführten.

Obgleich die Maschinen der Boote, welche damals noch nicht die Vollkommenheiten neuerer Technik hatten, großes Geräusch verursachten, gelang es den Russen doch, unbelästigt bis in die nächste Nähe der Türken zu kommen.

Es ist dieses theils der durch „Kismet" herbeigeführten Sorglosigkeit der türkischen Besatzungen, theils aber auch dem Umstande zuzuschreiben, daß die Frösche an den seichten Ufern der unteren Donau einen derartigen Lärm vollführen, daß andere Geräusche übertönt werden. Erst im letzten Augenblick eröffnete die „Duba-Seifi" das Feuer. Der Spierentorpedo des „Cesarewitsch" traf das Schiff zwischen der Mitte und dem Heck, welches sich sofort zu senken begann. Der Torpedo der „Xenia" vollendete das Vernichtungswerk. Das Schiff sank innerhalb 10 Minuten, die russischen Boote wurden zurückbeordert.

Sulina. Der Angriff wurde von den Booten des Dampfers „Constantin“ auf eine bei Sulina zu Anker liegende türkische Division ausgeführt, hatte aber einen vollkommenen Mißerfolg. Letzterer war dem Umstande zuzuschreiben, daß die Türken wachsam waren, und daß sie Schutzsperren gelegt hatten, in die der Schlepptorpedo des einen Bootes und die Schrauben einiger anderer sich verwickelten. Zwar gelang es zwei Booten, ihre Torpedos zu detoniren, indessen hatte dieses keinen merkbaren Erfolg, da die Explosionen vermuthlich in den Schutzsperren und nicht in unmittelbarer Nähe der Schiffe erfolgten. Ein russisches kleines Boot wurde zerschossen, und der kommandirende Offizier gerieth in Gefangenschaft.

Rustschuk. Einige russische Boote hatten Befehl erhalten, einen Arm der Donau mit Minen zu sperren. Hierbei wurden sie von einem türkischen Schiffe angegriffen. Es erfolgte von russischer Seite ein Gegenangriff des Torpedobootes „Schutka“. Dieser Gegenangriff schlug fehl. Die elektrischen Leitungen der Zündvorrichtung waren durchschossen worden, und der Torpedo versagte. Das Gefecht fand am 20. Juni 1877 bei Tage statt.

Olti (Aluta). Ein aus der Flußmündung hinaussteuerndes türkisches Kriegsschiff wurde am 23. Juni 1877 von drei russischen Torpedobooten, darunter wieder die „Schutka“, bei Tageslicht angegriffen. Die Boote fanden aber das Schiff wohlvorbereitet. Letzterem gelang es durch geschickte Manöver, ein wohlgezieltes Feuer und angeblich auch infolge seiner an ausgeschobenen Spieren befestigten Netze, sich der Angreifer zu erwehren.

Sukhum. In der Nacht vom 23. zum 24. August 1877 wurden vier Torpedoboote des „Constantin“ zum Angriff auf das unter Sukhum liegende Panzerschiff „Assari Chefket“ entsandt. Drei Booten gelang es, ihre Torpedos zu detoniren, und in dem Glauben, den Feind vernichtet zu haben, kehrten die Angreifer zurück. Thatsächlich hatte das angegriffene Schiff nur unwesentliche Beschädigungen erlitten und befand sich am 31. August in Konstantinopel.

Sulina (zweiter Fall). Hierbei handelt es sich um keinen Torpedoangriff. Das türkische Kanonenboot „Suna“ gerieth auf eine von den Russen gelegte Minensperre und sank.

Batum (zweiter Fall). Wiederum waren es die Boote des „Constantin“, welche den Angriff auf die türkischen, in Batum liegenden Schiffe in der Nacht vom 27. auf. den 28. Dezember 1877 machten. Zwei der Boote gebrauchten diesmal, und zwar zum ersten Mal in diesem Kriege, Whiteheadtorpedos. Auf Schußentfernung angelangt; ohne bemerkt zu werden, wurden die Torpedos lanzirt.

Ein Erfolg trat nicht ein, obgleich ein Torpedo in der Nähe des türkischen Schiffes „Avni-Illah“ explodirte. Der zweite Torpedo war auf Strand gelaufen und wurde von den Türken gefunden. Von dem explodirten Torpedo fand sich ebenfalls ein Theil am Strande.

Bemerkenswerth ist es, daß die Boote, während sie sich zurückzogen, beinahe ihr eigenes Stammschiff, den „Constantin“, der ihnen gefolgt war, angegriffen hätten.

Der Mißerfolg kann nicht überraschen, wenn man bedenkt, daß eine Erfahrung in der Behandlung der Whiteheadtorpedos noch nicht vorhanden und daß die Montirung der Ausstoßrohre eine höchst primitive war. Auf dem Boote „Tschesmé“ war das Lanzirrohr unter dem Kiel befestigt worden. Das zweite Ausstoß- oder Lanzirrohr war auf einem Floße aufgestellt, welches von dem Boote „Sinope“ geschleppt wurde.

Bei den türkischen Schiffen befand sich auch die „Mamudieh“, welche die Flagge des Admirals Hobart Pascha führte.

Batum (dritter Fall). In der Nacht vom 25. zum 26. Januar 1878 erfolgte in diesem Kriege der letzte Angriff der Boote des „Constantin“ auf die in Batum liegende türkische Flotte. Den Booten „Tschesmé“ und „Sinope“ gelang es, mit zwei Whiteheadtorpedos einen türkischen Aviso zum Sinken zu bringen. Dieses ist mithin der erste Fall, in dem sich der Whiteheadtorpedo im Kriege bewährt hat.

Die nächsten Kriegsereignisse, bei denen der Torpedo eine Rolle gespielt hat, fanden an der Westküste Südamerikas statt.

Im chilenisch-peruanischen Kriege 1879 bis 1881 wurden von den Peruanern verschiedene Arten von Torpedos und Torpedobooten nordamerikanischer Konstruktion gebraucht, da die Zufuhr europäischen Kriegsmaterials von den Chilenen verhindert wurde. Ja sogar die infernalische Maschine trat wieder in Erscheinung. Am 3. Juli 1880 ließen die Peruaner auf der Rhede von Callao ein Küstenfahrzeug treiben, dessen Ladung aus Lebensmitteln bestand, aber auch eine

Mine von 150 kg Dynamit enthielt. Der chilenische Transportdampfer „Loa“ nahm das Fahrzeug längseit und untersuchte die Ladung. Hierbei explodirte das Dynamit und brachte dem Kommandanten und mehr als 100 Mann der Besatzung der „Loa“ den Tod, dem Schiffe den Untergang.

Auch das chilenische Kanonenboot „Cavadonga“ wurde durch eine Höllenmaschine zerstört. Abgesehen von diesen beiden Fällen spielten Minen und Torpedos achtmal eine Rolle.

Die Chilenen griffen mit ihren Torpedobooten bei fünf Gelegenheiten peruanische Seestreitkräfte an und hatten zwei Erfolge; die Peruaner konnten (außer den beiden obenerwähnten Fällen mit Höllenmaschinen) nur drei Mißerfolge aufweisen.

Whiteheadtorpedos sind nicht gebraucht worden.

Im Juni 1880 fand ein Kampf zwischen chilenischen Torpedo- und peruanischen Wachtbooten statt, wobei ein peruanisches und ein chilenisches Boot zerstört wurden. Nimmt man diesen Verlust auf beiden Seiten als gleich an, so hatten die Chilenen doch bei den nachfolgenden beiden Fällen mit ihren Torpedobooten Erfolg. Am 4. Januar 1881 wurden bei Ancona ein peruanisches Torpedoboot und am 18. Januar bei Callao die peruanische Korvette „Union“ durch chilenische Torpedoboote gezwungen, sich auf Strand zu setzen. Im ersteren Falle wurde das peruanische Boot nach dem Auflaufen durch Geschützfeuer der chilenischen Korvette „O'Higgins“ zerstört; im zweiten Falle sprengte die Korvette „Union“ sich selbst.

Der chinesisch-französische Krieg 1884/85 zeigt die nächsten Anwendungen der Torpedos und zwar wiederum der Spierentorpedos. Am 23. August 1884 wurden auf Pagoda Anchorage die chinesische Korvette „Yung-Woo“ und am 15. Februar 1885 bei Scheipu die chinesische Fregatte „Yu-Yuen“ durch französische Torpedoboote vernichtet. Beide Male lagen die chinesischen Schiffe zu Anker.

Wiederum ist es die Westküste Südamerikas, welche den Schauplatz der Begebnisse bildet. Diesmal waren es ein zu seiner Zeit modernes Panzerschiff und zwei ebenfalls moderne Torpedoboote, welche den Kampf ausfochten, wenn von einem solchen die Rede sein kann. Thatsächlich wurden die Schiffe der Aufständischen, der Panzer „Blanco Encalada“ und die Transportschiffe „Bio-Bio“ und „Aconcagua“ von den regierungstreuen chilenischen Booten „Lynch“

und „Condell" in der Frühe des 23. April 1891 bei Caldera überfallen. Die drei Schiffe lagen zu Anker, und der Kommandant und die meisten Offiziere des Panzerschiffes waren an Land. In dem ungewissen Lichte, welches der Vollmond, ein leichter Morgennebel sowie der Widerschein des hohen Ufers hervorbrachten, konnten sich die Boote, die sich dicht unter Land hielten, unbemerkt nähern. Der Wachdienst muß sehr im Argen gelegen haben, denn thatsächlich meldete der einzige Posten die Torpedoboote erst, als „Condell" schon seinen ersten Torpedo abschoß. „Condell" lancirte drei Whiteheadtorpedos ohne Erfolg, „Lynch" feuerte zwei Whiteheadtorpedos ab, von denen einer seinen Zweck erfüllte. Das Panzerschiff „Blanco Encalada" sank und nahm von den 287 an Bord befindlichen Menschen 225 mit in die Tiefe.

„Blanco Encalada" und „Condell" waren in England, „Lynch" bei Schichau (Elbing) gebaut. Der Torpedo enthielt 53 kg Schießwolle und war englischen Ursprungs.

Nach dem Angriffe zogen sich die Torpedoboote zurück, da sie das einkommende englische Kriegsschiff „Warspite" für die regierungsfeindliche Korvette „Esmeralda" hielten. Diesem Umstande verdankten auch die Transportschiffe ihre Rettung. Zwar wurde ein Torpedo gegen „Bio-Bio" abgefeuert; das Schiff hatte aber einen Tiefgang von nur acht Fuß, und da der Torpedo auf zehn Fuß eingestellt war, so ging er ohne Schaden zu thun unter dem Schiffe durch.

Der brasilianische Bürgerkrieg brachte den nächsten Erfolg des Whiteheadtorpedos. Während des Aufstandes, den der Admiral de Mello gegen den Präsidenten Peixoto erregte — soweit bekannt bislang der einzige Fall, wo eine Empörung wider die bestehende Regierung von einer Flotte ausging —, wurde in der Nacht vom 15. zum 16. April 1894 das Panzerschiff „Aquidaban" (später in „24 de Mayo" umgetauft) durch Torpedoboote, welche die Regierung inzwischen von Schichau angekauft hatte, zum Sinken gebracht. Das Schiff hatte in sehr flachem Wasser zu Anker gelegen und konnte, nachdem das hervorgebrachte Leck provisorisch geschlossen worden war, wieder gehoben werden.

Um den Ereignissen zu folgen, muß der Blick wieder zurück nach Ostasien gewendet werden. Im chinesisch-japanischen Kriege ist der Torpedo mehrfach aufgetreten. In der Schlacht am Yalu,

17. September 1894, sollen chinesische Boote Torpedos, aber ohne Erfolg, verwendet haben. Während dieser Schlacht befanden sich die japanischen Torpedoboote im Flusse, woselbst sie die Operationen der Armee zu unterstützen hatten.

Der japanische Kreuzer „Naniva" versenkte einen chinesischen Truppentransportdampfer durch einen Torpedo. Von Erfolg gekrönt waren die Angriffe der japanischen Boote auf die in Wei-hei-wei liegenden chinesischen Kriegsschiffe. Am 5. Februar 1895 wurde das chinesische Panzerschiff „Ting-yuen" durch einen Torpedo derartig beschädigt, daß es sich auf Strand setzen mußte. Die Angaben hinsichtlich des Umfanges der Beschädigung sind nicht übereinstimmend.

Während von einer Seite behauptet wird, daß die Schotten vorher in Ordnung gewesen und erst durch die Wirkung der Explosion in Unordnung gerathen seien, ist von anderer Seite der Meinung Ausdruck gegeben worden, daß die chinesische Besatzung, des Kämpfens müde, die Gelegenheit benutzt habe, um den Befehlshaber an einer Fortsetzung des Kampfes zu verhindern, daher die Schotten nicht oder nur mangelhaft bedient, revoltirt und somit den Befehlshaber in die Zwangslage versetzt habe, das Schiff auf Strand setzen zu müssen. Die Abwehr des Angriffes, wenn auch nicht genügend, muß doch als eine energische bezeichnet werden, denn man fand am folgenden Morgen das Torpedoboot, welches den Angriff ausgeführt hatte, mit erschossener Besatzung herrenlos im Hafen von Wei-hei-wei treibend.

Das Schiff, bei der Maschinenbau-Aktiengesellschaft „Vulcan" (Stettin) erbaut, wurde wieder flott gemacht und gehört jetzt zur japanischen Marine.

Die Japaner hatten bei Wei-hei-wei auch noch sonstige Erfolge zu verzeichnen; die zerstörten chinesischen Schiffe waren einmal eine alte Holzfregatte, das andere Mal ein Prahm, den der Angreifer in der Dunkelheit vielleicht für ein würdigeres Opfer gehalten hatte.

Es muß hier noch des Umstandes Erwähnung gethan werden, daß die chinesischen Schiffe — denn auch Schiffe sind mit Torpedos und Torpedoausstoßrohren armirt — vor der Schlacht am Yalu ihre Torpedos geborgen hatten, aus Furcht, daß diese getroffen und, hierdurch zur Explosion gebracht, ihnen selbst schädlich werden könnten. Wennschon diese Befürchtung nicht ganz ohne Grund ist, so ist es doch erstaunlich, daß man die Waffe gänzlich außer Thätigkeit stellte, welche, wenn richtig bedient, von großem Werthe hätte sein können. Die Selbstgefährlichkeit der Torpedos wird später beleuchtet werden; hier wird dieselbe nur darum genannt, um zu zeigen, daß der Torpedo zu seiner Bedienung des ausgezeichnetsten Personales bedarf, eines Personales, wie es den chinesischen Befehlshabern wohl nicht zur Verfügung stand. Der Torpedo verlangt den Nahkampf, und vielleicht geht man nicht fehl, wenn man der Meinung Ausdruck giebt, daß gerade dieser der Natur der Chinesen am meisten widerstrebt.

Summarisch lassen sich die in diesem Kapitel beschriebenen Fälle folgendermaßen zusammenstellen:

1. In 3 Fällen liefen zwei Schiffe auf Minen und sanken.
2. In 2 Fällen hatten Schlepptorpedos Mißerfolge.
3. In 15 Fällen haben im Ganzen 31 Boote mit Spierentorpedos angegriffen, hatten 10 Mißerfolge und vernichteten 5 Schiffe.
4. In 2 Fällen ist der Whiteheadtorpedo vom Schiffe aus angewendet worden, einmal mit, einmal ohne Erfolg.
5. In 8 Fällen haben 16 Boote mit Whiteheadtorpedos 6 Schiffe zum Sinken gebracht oder kampfunfähig gemacht und 2 Mißerfolge gehabt (hierbei ist der in Wei-hei-wei vernichtete Prahm mitgerechnet worden).

Die Zahl der Boote und die Zahl der verbrauchten Torpedos sind nicht mit positiver Bestimmtheit anzugeben, da es nicht genau bekannt ist, wieviel Boote den Aquidaban angriffen, wieviel Boote bei Wei-hei-wei in Thätigkeit waren und wieviel Torpedos diese Boote verfeuerten. Es wäre demnach müßig, eine Wahrscheinlichkeitsrechnung über die Wirksamkeit der Torpedos aufzustellen. Darum soll es auch nur einen historischen Werth haben, die Ergebnisse des vorigen und dieses Kapitels hier zusammenzufassen, wobei die Fälle, in denen infernalische Maschinen und Schlepptorpedos verwendet wurden, und Unglücksfälle nicht miteinbegriffen sind:

Es trafen Schiffe auf Minen in 30 Fällen; Verlust 25; beschädigt 4; ohne Ergebniß 1 Fall.*) Es sind Angriffe mit Spierentorpedos gemacht in 21 Fällen; Verlust 7; beschädigt 2;

*) Es muß beachtet werden, daß hier nicht die Zahl der unbeschädigten Schiffe zu verstehen ist, sondern die Zahl der Fälle, in denen ein angegriffenes Schiff oder mehrere angegriffene Schiffe unbeschädigt geblieben sind.

ohne Ergebniß 12 Fälle.*) Es sind Angriffe mit Whiteheadtorpedos gemacht in 10 Fällen; Verlust 5; gesunken und wieder gehoben 2; ohne Ergebniß 3 Fälle.*)

Ist diese Statistik auch lückenhaft, und ist es auch noch nicht möglich, aus ihr schon Lehren für kommende Kriege zu ziehen, so zeigt sie doch, daß der Whiteheadtorpedo — und voraussichtlich wird nur dieser in Zukunft auftreten — eine wirksame Angriffswaffe ist. Da seine Vorbedingung aber der Nahkampf ist, so folgt weiter, daß er für Schiffe nur eine Gelegenheitswaffe sein kann. Boote wiederum können auf die Dauer die hohe See nicht halten, darum ist der Schluß richtig, daß der Torpedo berufen erscheint, nur im Küstenkriege, und zwar nur auf Seiten des Vertheidigers, eine Rolle zu spielen, wenn anders nicht auch der Angreifer Stützpunkte in solcher Nähe besitzt, daß er seinen Torpedobooten Gelegenheit zur Ruhe und Erholung geben kann.

Trotzdem also der Torpedo eine Angriffswaffe par excellence ist, ist sein Gebiet, vom weiteren, allgemeinen Standpunkte aus betrachtet, nur die Defensive, und in sinngemäßer Analogie kann man auch vom Torpedo sagen: „Ultima ratio regis!“

Zweiter Abschnitt.

Die verschiedenen, jetzt gebräuchlichen Torpedos.

Viertes Kapitel.

Der Whiteheadtorpedo.

Die Anregung zu dieser Erfindung hat der österreichische Kapitän Lupis gegeben. Seine Idee war, ein lenkbares, auf der Wasseroberfläche laufendes, durch Dampf oder ein Uhrwerk getriebenes Geschoß zu bauen, welches an seinem Vordertheil eine Kammer mit der Sprengladung und einer Kontaktzündung tragen sollte. Lupis' Versuche sowie seine der Regierung gemachten Vorschläge hatten kein Ergebniß. Im Jahre 1864 führte ein Zufall Lupis und Whitehead zusammen. Letzterer war Betriebsdirektor einer Maschinenbau-

---

*) Siehe Fußnote Seite 22.

fabrik in Fiume. Von der Idee des Oesterreichers gefesselt, machte sich der Engländer an die Arbeit. Da er aber erkannte, um wie viel werthvoller es sein würde, der neuen Waffe eigene Bewegungskraft zu verleihen und sie als Unterwassergeschoß zu konstruiren, so steckte er sich von vornherein dieses Ziel, welches er auch erreichte.

Nach zweijährigen, unausgesetzten Bemühungen, mit alleiniger Hülfe seines damals noch sehr jugendlichen Sohnes und eines einzigen geschickten Arbeiters baute Whitehead hinter Schloß und Riegel den ersten automobilen Torpedo.

Derselbe hatte die Form eines an beiden Enden zugespitzten Cylinders, trug an seiner oberen und unteren Seite große Längsflossen und zeigte an seinem Schwanzstücke einen Schraubenpropeller und ein bewegliches Horizontalruder. Der Torpedo bestand aus dem Kopf, enthaltend 9 kg Dynamit mit Kontaktzündung, dem Tiefensteuerapparat, dem Luftkessel, der Maschine und dem Schwanzstücke mit dem bereits erwähnten Trieb- und Steuerapparat.

Wennschon die Ausführung eines Torpedos nicht leicht ist, so ist die Idee recht einfach. Der Kopf enthält die Sprengladung, welche beim Auftreffen auf das Ziel explodirt.

Der Kessel enthält komprimirte Luft — Preßluft —, welche die Maschine während ihres Ganges speist.

Die Maschine treibt den Torpedo mittelst der Schraube, und die Tiefensteuerung mit dem Ruder zwingt den Torpedo, in bestimmter Tiefe zu laufen. Die Steuerung ist also im Gegensatze zur Steuerung eines Schiffes eine solche in der Horizontalebene.

Der erste von Whitehead gebaute Torpedo hatte aber noch einen höchst unregelmäßigen Tiefenlauf, er beschrieb gewaltige Kurven, d. h. er bewegte sich manchmal in größerer Tiefe, wie beabsichtigt, manchmal an der Wasseroberfläche.

Erst im Jahre 1868 fand Whitehead das Mittel, welches seine Erfindung kriegsbrauchbar machte, welches als wichtigstes Geheimniß nur wenigen Auserlesenen bekannt gegeben werden durfte, welches dem Erfinder mit schwerem Gelde abgekauft wurde und welches so einfach ist, daß es dem Ei des Columbus würdig zur Seite gestellt werden kann.

Der Tiefenapparat, welchen Whitehead zuerst anwendete, beruht auf dem Wechsel des Wasserdruckes in verschiedenen Tiefen. Dieser

Druckwechsel macht sich an einer Druckplatte bemerkbar, welche die Bewegung mittelst Gestänge auf das Ruder überträgt. Die Einrichtung war, wie schon gesagt, nicht genügend empfindlich.

Jenes oben erwähnte Geheimniß nun bestand in der Verbindung der Thätigkeit der Platte mit der Wirkung eines einfachen Pendels.

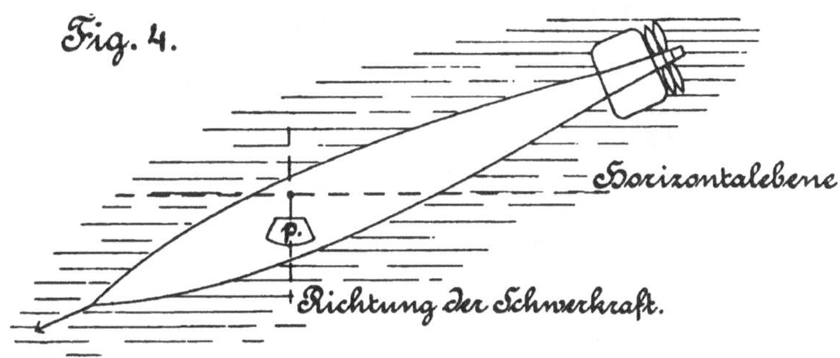

Steuert der Torpedo in die Tiefe (Fig. 4), so bewegt sich das Pendel, da es das Bestreben hat, eine senkrechte Lage innezuhalten, innerhalb des Torpedos, also relativ nach vorn; ist der Torpedo dagegen mit seiner Spitze nach oben gerichtet, steuert er also in die

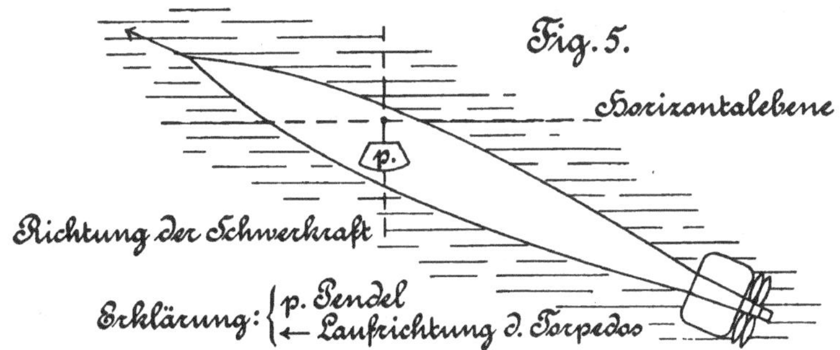

Höhe (Fig. 5), so bewegt sich das Pendel im Torpedo relativ nach hinten; genauer gesagt: da das Pendel seine senkrechte Lage einzuhalten bestrebt ist, so schwingt der Torpedo wie ein Waagebalken um dasselbe, und diese Bewegung des Torpedos um das Pendel wird nun ebenfalls benutzt, um das Ruder in Thätigkeit zu setzen und dem Torpedo, einen guten Horizontallauf zu geben.

So wirken nunmehr die Platte dahin, den Torpedo in die richtige, beabsichtigte Tiefe zu bringen, und das Pendel dahin, den

Torpedo in dieser richtigen Tiefe horizontal laufen zu lassen. Das Funktioniren des Apparates wird späterhin genauer beschrieben werden. An dieser Stelle sei vorweg gesagt, daß die neueste Zeit dem Torpedo eine weitere Vervollkommnung, nämlich auch eine Vertikalsteuerung gebracht hat.

Die verschiedensten Umstände können ein Abweichen des Torpedos auch aus der Vertikalebene, also aus seiner Schußrichtung, verursachen.

Um dieses zu vermeiden, hat der österreichische Ingenieur Obry einen Apparat konstruirt, welcher im Wesentlichen nichts Anderes als eine praktische Anwendung des Foucaultschen Pendels ist.

Da eine schwingende oder rotirende Masse ihre Schwingungsebene beibehält, so hat Obry dies benutzt, um danach Abweichungen des Torpedos aus der Vertikalebene an einem solchen rotirenden Pendel bemerkbar zu machen und die entstehende Bewegung auf ein Paar Vertikalruder zu übertragen.

Denkt man sich das Whiteheadsche Pendel um seinen Aufhängungspunkt rotirend und den Torpedo um 90 Grad um seine Längsachse gedreht, also auf die Seite gelegt, so erhält man ein Bild des Obryschen Systems.

Das ruhig hängende Pendel steuert somit den Torpedo in der Horizontal-, das rotirende Pendel in der Vertikalebene.

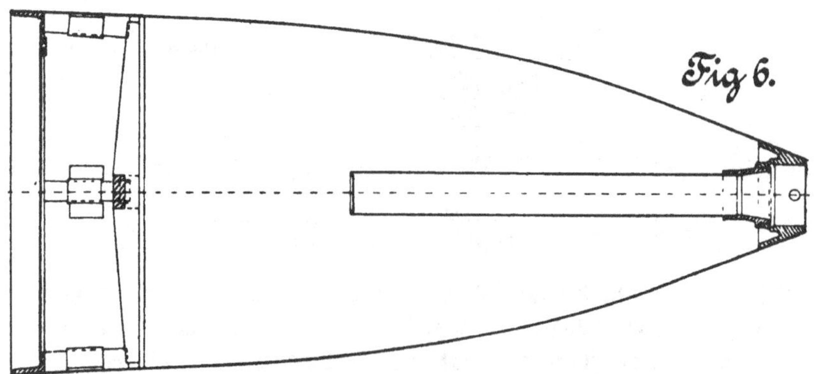

Der Torpedo wurde von allen Staaten angekauft, es entstand eine rege Thätigkeit in Staats- und Privatwerkstätten, unausgesetzte Schießversuche fanden und finden statt, mannigfache Aenderungen und Verbesserungen wurden und werden eingeführt, und eifersüchtig hält jeder Staat seine Aenderungen und Verbesserungen geheim. Im Nachstehenden kann daher auch nur eine allgemeine Beschreibung der einzelnen Theile und ihres Zusammenwirkens gegeben werden.

Der Kopf.

Die Fig. 6 veranschaulicht den Kopf, d. h. den am meisten nach vorn gelagerten Theil des Torpedos. Man hat die verschiedensten Formen erprobt, und bei modernen Torpedos ist der Kopf sehr voll gehalten. Es gestattet dies das Unterbringen einer möglichst großen Ladung, welche bei den neuesten Konstruktionen aus etwa 100 kg Schießwolle besteht. Auf die Geschwindigkeit des Torpedos hat die längere oder kürzere Kopfform erfahrungsgemäß nur sehr geringen Einfluß, während die Linien d. h. die Form des Schwanzstückes des Torpedos die Geschwindigkeit sehr stark beeinflussen. Man nimmt an, daß sowohl beim flachen wie beim spitzen Kopfe das von dem Torpedo verdrängte und vor ihm sich verdichtende Wasser sich selbst eine Gestalt schaffe, welche den Wasserwiderstand am leichtesten überwindet, daß sich also, von der Form des Kopfes unabhängig, eine das Wasser durchschneidende Wasserspitze bilde.

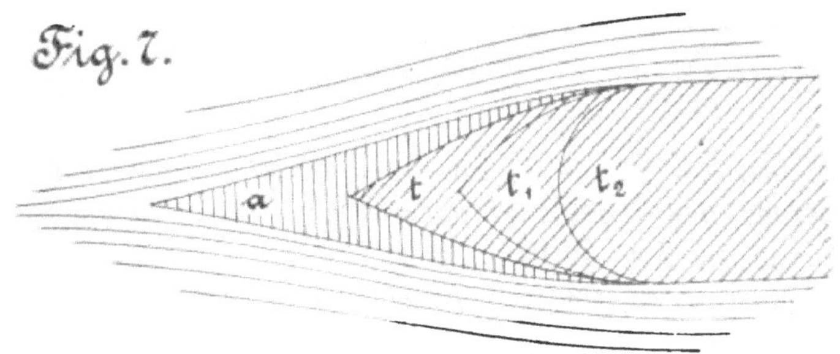

Fig. 7 veranschaulicht verschiedene Kopfformen von Torpedos t, t_1 und t_2. Bei laufendem Torpedo würde sich nach obiger Annahme vor alle diese Formen dieselbe oder eine sehr ähnliche, aus verdichtetem Wasser bestehende Spitze a setzen. Es wäre demnach gleichgültig, welche Form dem Kopfe zu geben ist.*) Anders verhält es sich bei der Form des Schwanzstückes des Torpedos. Hier haben möglichst scharfe Formen, welche den Wasserfäden freien Zutritt zu

*) Auf Schiffsformen, welche nur zum Theil unter Wasser liegen, darf diese Theorie nicht ohne Weiteres übertragen werden.

dem Propeller oder zu den Propellern und welche einen freien Wasserabfluß gestatten, sehr bedeutenden Einfluß. So will denn Whitehead selbst, der die Formen der verschiedensten Fischarten eingehend studirt hat, gefunden haben, daß die schnellsten Fische einen dicken Kopf und einen scharf auslaufenden Schwanz haben. Für den Torpedo ist ein dicker, voller oder runder Kopf auch hinsichtlich der Sprengwirkung seiner Ladung die günstigste Form. Die zur Ladung verwendete Schießbaumwolle enthält 10 bis 16 % Wasser. Während dieses die Sprengwirkung nur unbedeutend beeinträchtigt, erhöht es die Sicherheit, denn derartig genäßte Schießwolle kann nur durch Explosion trockener Schießwolle zur Detonation gebracht werden. Zur Erzielung der Explosion im geeigneten Momente dient

die Pistole.

Fig. 8 stellt dieselbe dar. In einer Hülse h sitzt der bewegliche Schlagbolzen s, der an seiner Spitze mit Greifnasen g, an seinem Fuße mit einer kleinen Spitze versehen ist. Der Sicherheitsbolzen b

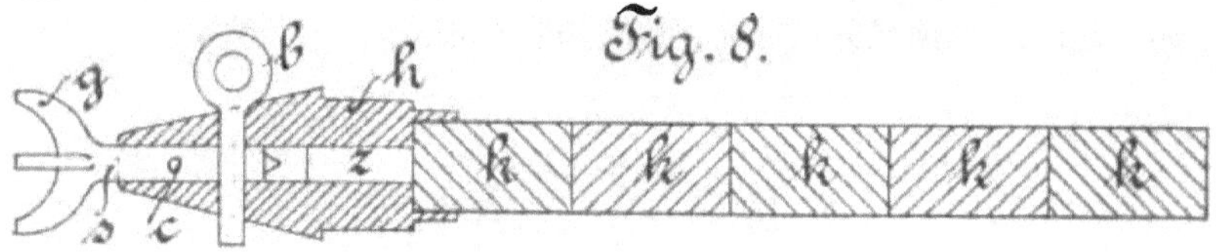

dient zum Verhüten einer vorzeitigen Explosion während der Aufbewahrung, des Transportes 2c. und muß vor dem Einsetzen der Pistole in den Kopf entfernt werden. Damit der Schlagbolzen erst beim Auftreffen auf ein Ziel zurückgeschoben wird und die Zündung des Zündsatzes z bewirkt, ist der Scheerstift c vorhanden. Dieser ist aus Kupfer gefertigt und geht ebenso wie der Sicherheitsbolzen b quer durch Hülse und Schlagbolzen. Beim Auftreffen des Torpedos wird dieser Scheerstift durchschnitten (abgescheert), der Schlagbolzen dringt mit seiner Spitze in den Zündsatz z, dieser explodirt und entzündet die trockenen Schießwollkörper k, die in einer Zinkhülle gelagert sind; die Explosion dieser trockenen Schießwolle bewirkt die Explosion der nassen Schießwolle der Kopfladung. Um das Gewicht des Kopfes auszubalanziren, befindet sich hinter demselben

die Schwimmkammer.

Dieselbe ist ein hohler Raum, welcher dem Vordertheil des Torpedos den genügenden Auftrieb verleiht. Der Torpedo hat ein spezifisches Gewicht von ungefähr 0,9.

Der nächste Theil des Torpedos ist

der Luftkessel.

Aus Stahl oder Stahlbronze gefertigt ist derselbe im Stande, mit einem Druck von etwa 90 Atmosphären zu arbeiten. An seinem

hinteren Boden befindet sich ein Stutzen, durch welchen das Aufpumpen, also das Füllen des Kessels und auch der Luftabfluß nach der Maschine erfolgen. Es schließt sich an den Luftkessel an

die Maschinenkammer.

Diese enthält sämmtliche Bewegungsvorrichtungen einschließlich derjenigen für die Steuerung des Torpedos.*)

Zu ersteren gehören der Regulator, die Maschinenarretirung und die eigentliche Maschine, zu letzteren der Tiefenapparat, das Pendel und die Steuermaschine.

Die Bewegungsvorrichtungen.

Wie für jede Maschine, so ist namentlich für die Torpedomaschine ein gleichmäßiger Gang Haupterforderniß. Bei ungleichmäßigem Gange würde der Torpedo auch eine ungleichmäßige Geschwindigkeit haben, und dies würde das Schießen ungemein erschweren. Einen ungleichmäßigen Gang würde aber die Maschine haben, wenn man der treibenden Luft des Kessels gestatten würde, mit vollem Drucke zu arbeiten. Darum muß der Luftdruck des Kessels auf einen gleichmäßigen Arbeitsdruck in den Cylindern reduzirt werden. Solches bewirkt der Regulator.

*) Die Maschinenkammer enthält auch noch Theile der Sink- und Stoppvorrichtung sowie Theile des neuen Gradlaufapparates von Obry und auch noch manches Andere; die betreffenden Beschreibungen sind hier aber fortgelassen, da eine Veröffentlichung unthunlich und für das allgemeine Verständniß auch nicht erforderlich ist.

Es ist ferner eine Einrichtung nothwendig, um zu verhindern, daß die Maschine des Torpedos bei seiner Lanzirung aus einem über

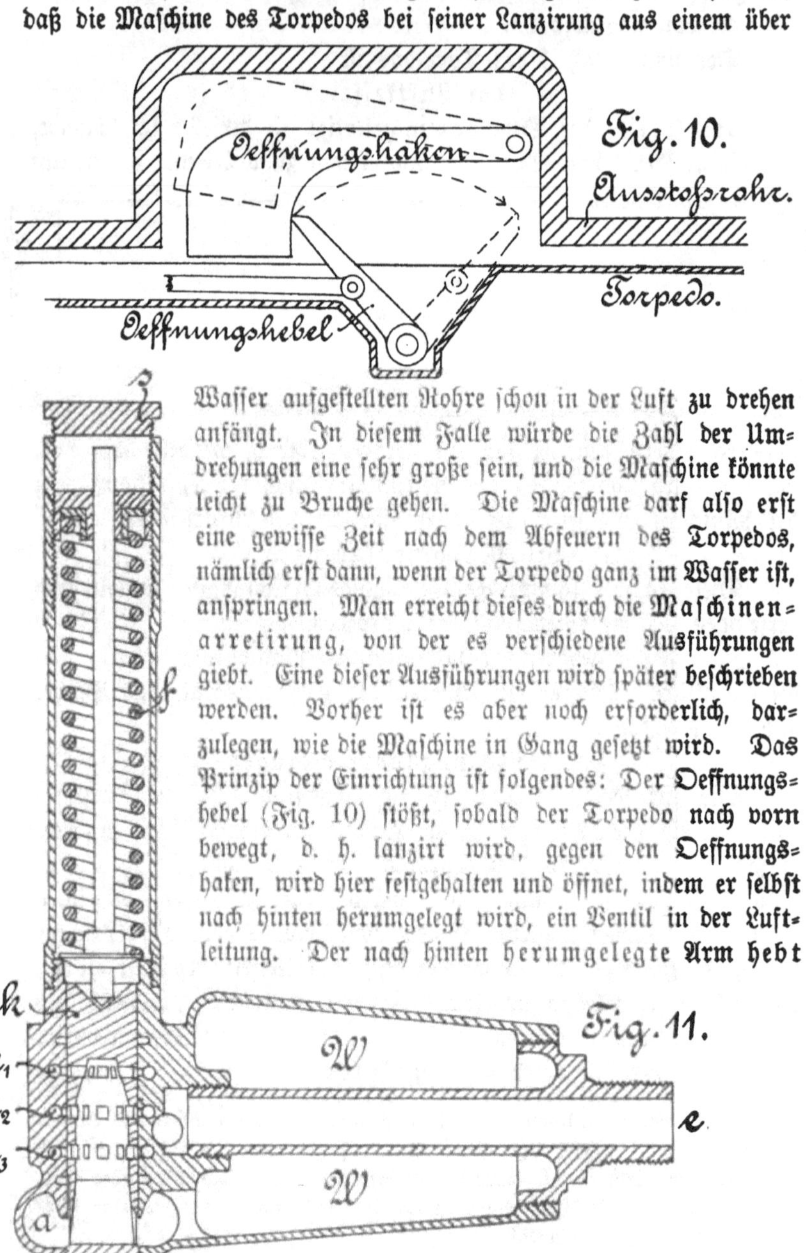

Wasser aufgestellten Rohre schon in der Luft zu drehen anfängt. In diesem Falle würde die Zahl der Umdrehungen eine sehr große sein, und die Maschine könnte leicht zu Bruche gehen. Die Maschine darf also erst eine gewisse Zeit nach dem Abfeuern des Torpedos, nämlich erst dann, wenn der Torpedo ganz im Wasser ist, anspringen. Man erreicht dieses durch die Maschinenarretirung, von der es verschiedene Ausführungen giebt. Eine dieser Ausführungen wird später beschrieben werden. Vorher ist es aber noch erforderlich, darzulegen, wie die Maschine in Gang gesetzt wird. Das Prinzip der Einrichtung ist folgendes: Der Oeffnungshebel (Fig. 10) stößt, sobald der Torpedo nach vorn bewegt, d. h. lanzirt wird, gegen den Oeffnungshaken, wird hier festgehalten und öffnet, indem er selbst nach hinten herumgelegt wird, ein Ventil in der Luftleitung. Der nach hinten herumgelegte Arm hebt bei weiterem Vorausgehen des Torpedos den Oeffnungshaken und schlüpft unter ihm hindurch.

Sobald die Leitung geöffnet ist, strömt die Preßluft in den Regulator. Der Eintritt erfolgt (Fig. 11) durch das Rohr e und die Kanäle und Oeffnungen e_1, e_2 und e_3 des Regulatorgehäuses, durch korrespondirende Oeffnungen im Kolben k in und unter den letzteren. Der Kolben ist im Gehäuse beweglich und wird durch eine Feder f nach unten gedrückt. Da die Luft aus dem Kessel mit vollem Druck auf den Kolben wirkt, hebt sie ihn; dadurch werden die korrespondirenden Oeffnungen e_1, e_2, e_3 ganz oder theilweise geschlossen.

Die Luft sperrt sich mithin selbst ihren Zutritt ab. Inzwischen wird die bei a nach der Maschine abfließende Luft rasch verbraucht, dadurch gewinnt die Feder die Ueberhand, drückt den Kolben nach unten und öffnet oder erweitert wieder den Luftzutritt. Das Spiel wiederholt sich fortwährend, und da der Windkessel W noch geringere Ungleichmäßigkeiten ausgleicht, so erhält die Maschine eine gleichmäßig gespannte Luft.

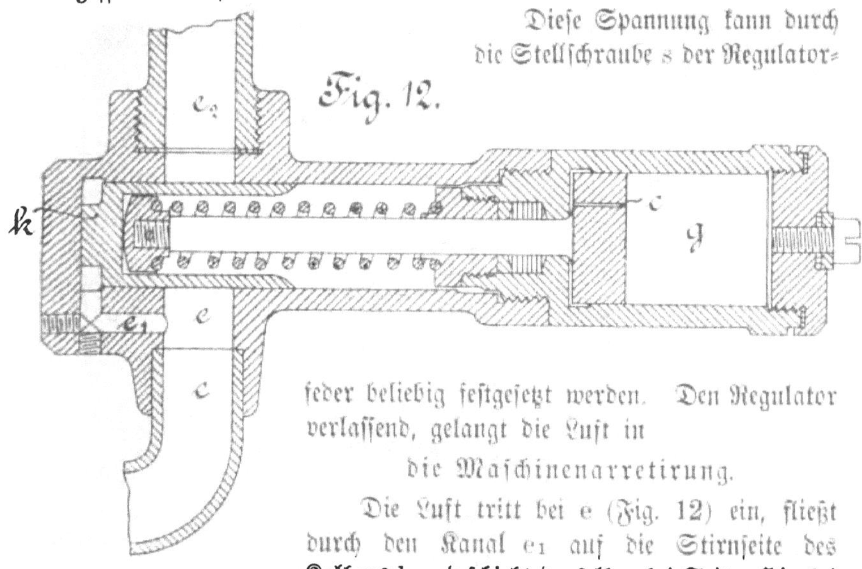

Fig. 12.

Diese Spannung kann durch die Stellschraube s der Regulatorfeder beliebig festgesetzt werden. Den Regulator verlassend, gelangt die Luft in die Maschinenarretirung.

Die Luft tritt bei e (Fig. 12) ein, fließt durch den Kanal e_1 auf die Stirnseite des Kolbens k und schiebt denselben bei Seite. Hierbei muß das Glycerin g durch den kleinen Kanal c des Kolbens treten. Es kann dieses nur langsam geschehen.

Sobald der Kolben den Kanal e_2 freigegeben hat, erfolgt voller Luftzutritt. Nach dem Schusse, also nach beendigtem Torpedolaufe schiebt die Spiralfeder den Kolben langsam wieder in seine vorige Lage, wenn nicht ein scharfer treffender Schuß erfolgt, welcher das Dasein des Torpedos selbst beschließt. Nach dem Durchströmen der Maschinenarretirung gelangt die Luft in die Maschine. Dieselbe ist nach dem System Brotherhood konstruirt. Drei Cylinder stehen

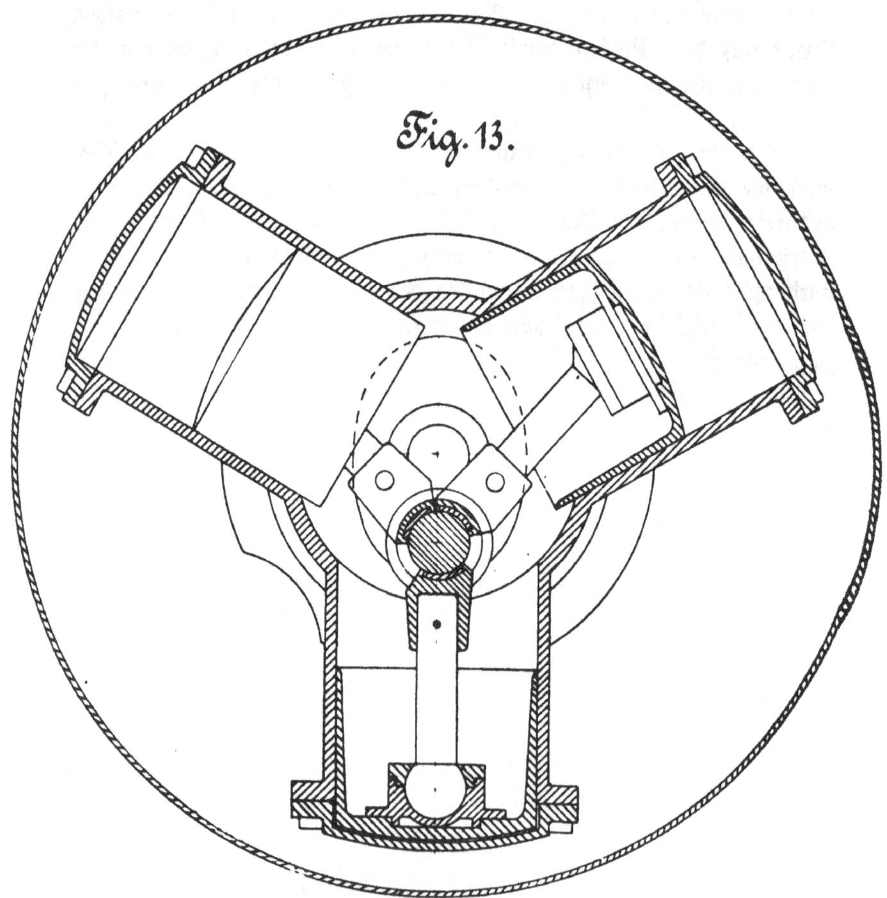

im Winkel von 120° zu einander (Fig. 13 und 14) und bilden den Cylinderkörper. Auf diesem liegt der Schieberkasten (Fig. 15), welcher wiederum mit dem Schieberkastendeckel verschlossen ist. In jedem Cylinder liegt ein Kolben (Fig. 13), unter dem Schieberkastendeckel der muschelförmige Schieber (Fig. 16).

Von jedem Kolben geht eine Pleyelstange nach der gemeinsamen Maschinenkurbel (Fig. 13). Letztere ist ein Knie in der Gesammtwellenleitung, deren hinterer langer Theil die hohle Schraubenwelle, deren vorderer kurzer Theil die Schieberwelle ist. Diese Schieberwelle greift mit einem Vierkant wieder in den Schieber ein, ist also mit demselben fest verbunden.

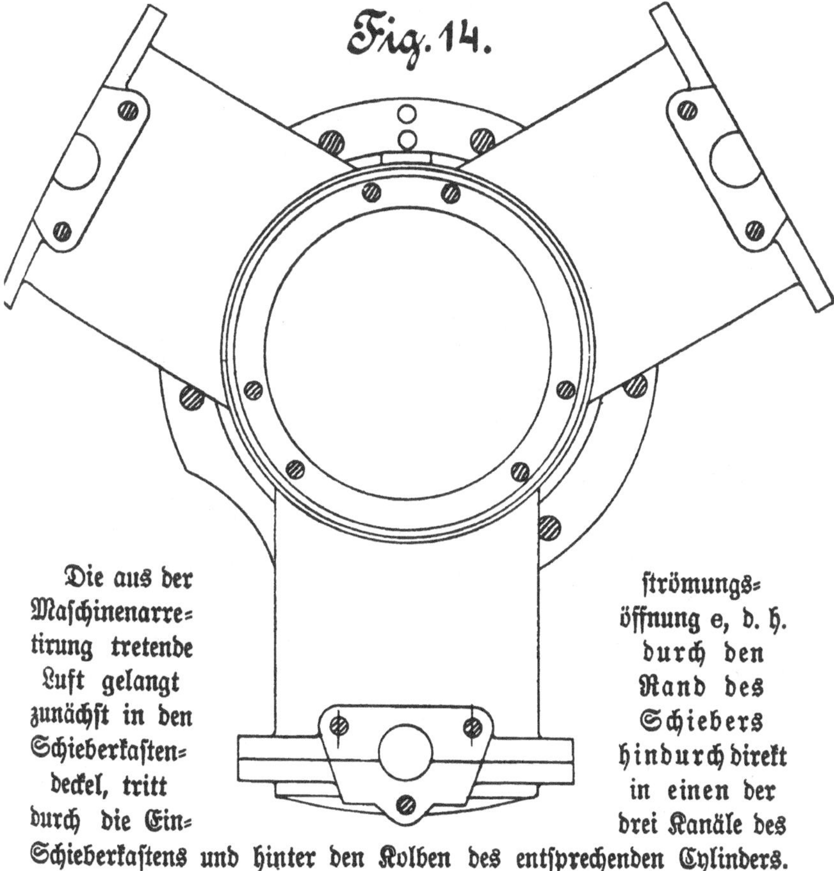

Die aus der Maschinenarretirung tretende Luft gelangt zunächst in den Schieberkastendeckel, tritt durch die Einströmungsöffnung e, d. h. durch den Rand des Schiebers hindurch direkt in einen der drei Kanäle des Schieberkastens und hinter den Kolben des entsprechenden Cylinders. Dieser Kolben wird nach innen getrieben und versetzt dadurch die Maschine in Drehung. Infolge der Drehung der Welle wird auch der Schieber gedreht, und zwar mit seiner Entströmungsöffnung e bis über die Einströmungsöffnung des nächsten Kanales des Schieberkastens. Die Luft gelangt mithin in den nächsten Cylinder und bringt dessen Kolben zum Arbeiten. In dem ersten Cylinder tritt die Luft inzwischen auf demselben Wege, den sie gekommen, wieder zurück, also in den Kanal des Schieberkastens. Jetzt findet sie aber nicht mehr die Einströmungsöffnung des Schiebers, sondern dessen hohles Innere (Fig. 16). Dieses steht mittelst der langen Ausströmungsöffnung a und der Oeffnungen b mit dem Inneren der Maschine selbst in direkter Verbindung. Die Luft tritt daher aus dem Inneren des Schiebers in das Innere der Maschine und von hier durch die schon oben erwähnte hohle Schraubenwelle nach hinten aus dem Torpedo hinaus. Dabei wirkt sie durch Reaktion noch auf Vorwärtsgang des Torpedos. Es arbeitet demnach immer nur ein Kolben zur Zeit. Die modernen Maschinen entwickeln über 70 Pferdestärken und geben den Torpedos eine Geschwindigkeit von weit über 30 Knoten, d. h. mehr wie 15 m pro Sekunde. Der erste von Whitehead gebaute Torpedo lief ungefähr 6 Knoten oder etwa 3 m pro Sekunde.

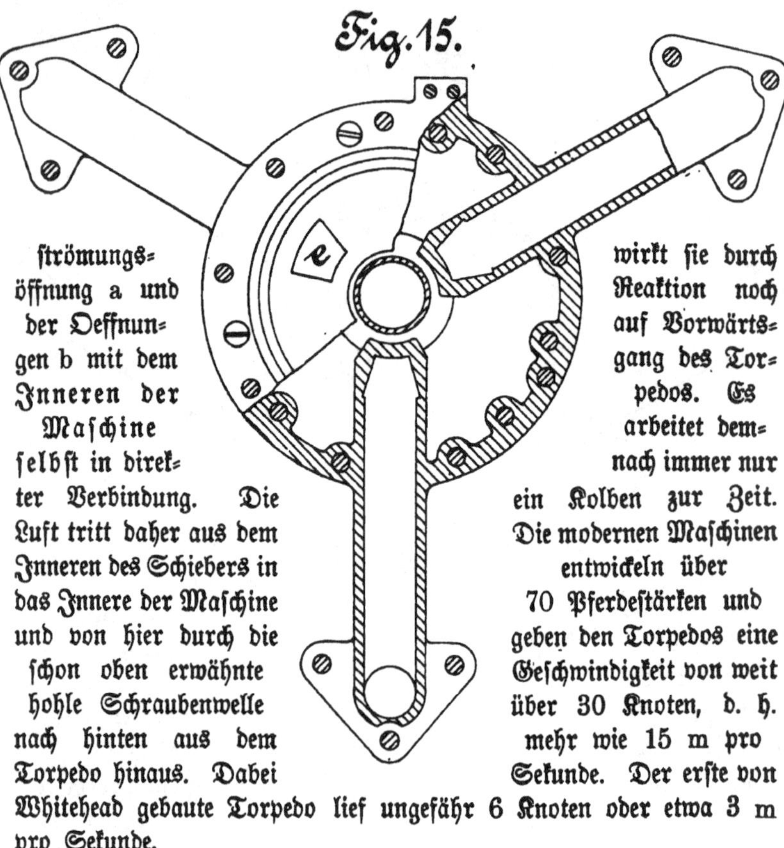

Fig. 15.

Die Steuerung des Torpedos.

Zum Steuern des Torpedos sind erforderlich der Tiefenapparat, das Pendel und die Steuermaschine.

Der Tiefenapparat besteht aus einem Ventil, auf welches der Wasserdruck von außen direkt wirkt. Von der Innenseite des

Torpedos übt eine Feder denjenigen Gegendruck aus, welcher der gewünschten Tiefe entspricht. Befindet sich also der Torpedo tiefer, wie beabsichtigt, so überwiegt der Wasserdruck, und das Ventil wird in sein Gehäuse hineingedrückt; liegt der Torpedo flacher, wie beabsichtigt, so überwiegt der Federdruck, und das Ventil wird in seinem Gehäuse nach außen geschoben.

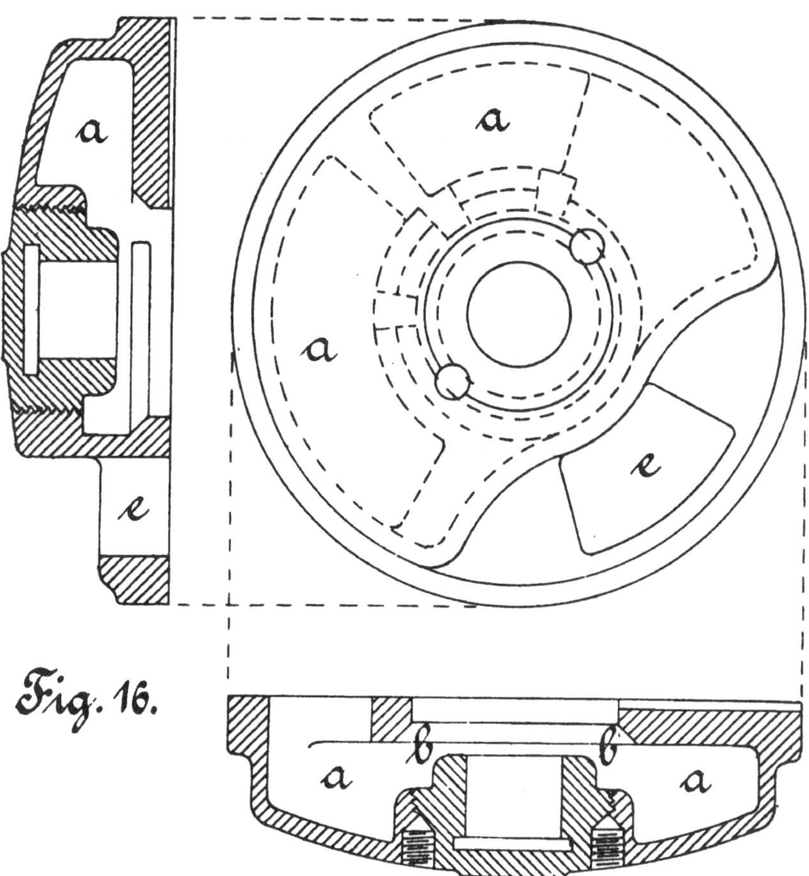

Fig. 16.

Das Pendel bedarf keiner weiteren Erklärung.

Die Steuermaschine kennt verschiedene Ausführungen. Fig. 17 zeigt eine derselben. Sobald der Torpedo in Gang gesetzt ist, tritt aus dem Windkessel des Regulators die Preßluft bei e in die Steuermaschine, umspült den Kolben k in der Ausdrehung e_1 und gelangt durch eine Durchbohrung*) nach dem Vertheilungsschieber s, den sie zwischen den Bunden b in dem cylindrischen Raume e_2 ebenfalls umgiebt. Wird der Vertheilungsschieber s z. B. nun nach links oder voraus bewegt, so öffnet der linke Bund die Oeffnung des Kanals e_3, die Luft strömt durch letzteren in den Raum v und drückt den Kolben k ebenfalls nach links oder voraus. Die im Raume z befindliche Luft wird durch den Kanal e_4 nach hinten hinausgedrückt (denn der rechte Bund ist ebenfalls nach links gerückt) und entweicht durch die Abflußöffnungen a.

Das Umgekehrte findet statt, wenn der Vertheilungsschieber s nach rechts bewegt wird. Die Preßluft tritt dann von e_2 durch die freigegebene Oeffnung des Kanals e_4 nach z, drückt den Kolben nach rechts d. h. zurück, und die in v befindliche Luft entweicht durch den Kanal e_3 und den cylindrischen Raum a_1.

An den Kolben k setzt sich nach hinten zu das Steuergestänge g, welches mit einfacher Hebelübertragung die Bewegungen des Kolbens in Ruderausschläge verwandelt, und zwar **Vorwärtsbewegung des Kolbens in Ruderausschlag nach unten, Rückwärtsbewegung in Ruderausschlag nach oben.**

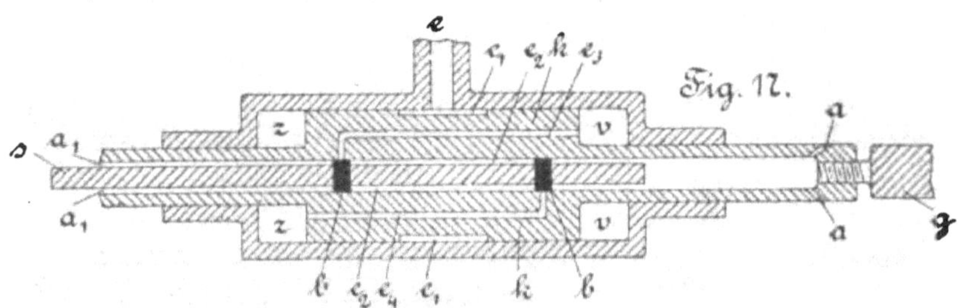

Tiefenapparat, Pendel und Steuermaschine arbeiten zusammen wie folgt:

An dem Pendel (Fig. 18 und 19) hängt, um den Punkt a drehbar, ein Hebel h. An letzteren greift in dem Punkte b die Ventilstange t des Tiefenapparates an, während von seinem tiefsten Punkte c die Stange des Vertheilungsschiebers s nach der Steuermaschine geht.

---

*) In der Zeichnung ist die Durchbohrung nicht sichtbar.

Liegt nun infolge irgend welcher Ursachen der Torpedo zu tief, so wird das Tiefenventil eingedrückt (Fig. 18). An dem Hebel h ist a jetzt der feste Punkt, infolgedessen wirkt h als einarmiger Hebel, die Punkte b und c, damit die Stange s und in weiterer Folge das Gestänge g werden sämmtlich nach hinten geschoben, und das Ruder wird um seinen Drehpunkt d nach oben gedreht. (Die Bewegungen sind mit vollgefiederten Pfeilen bezeichnet.)

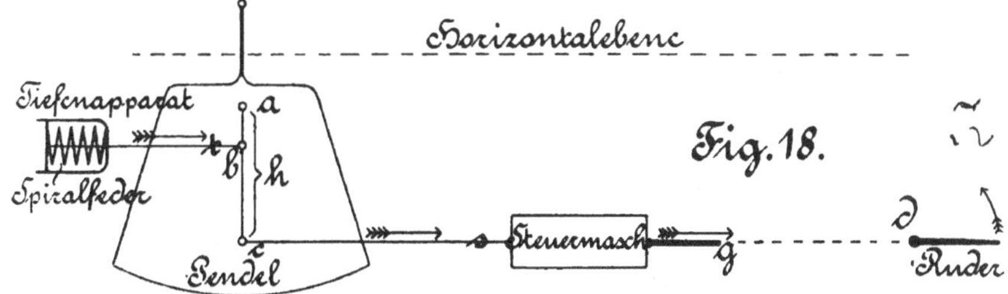

Das nach oben gelegte Ruder veranlaßt, daß der Torpedo ebenfalls nach oben steuert. Sein Kopf tritt mithin über, sein Schwanz unter die Horizontale.

Die Folge ist, daß das Pendel in dem Torpedo eine Bewegung nach hinten vollführt (Fig. 19). Mit dem Pendel geht auch der Punkt a nach hinten. Jetzt repräsentirt der Angriffspunkt b der Ventilstange t den Drehpunkt des Hebels h. Letzterer wirkt mithin als doppelarmiger Hebel. Folglich wird der Punkt c und mit ihm werden s und damit auch g nach vorn bewegt, das Ruder also nach unten gelegt (vergl. die ungefiederten Pfeile).

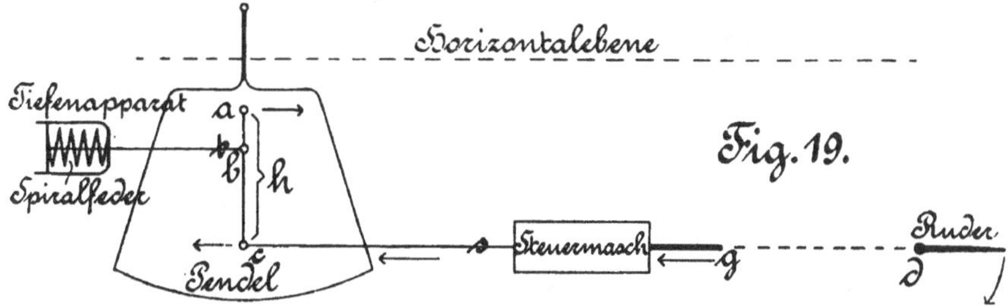

Die Wirkungen des Tiefenapparates und des Pendels sind in diesem Falle einander entgegengesetzt, der Torpedo legt sich langsam horizontal, steuert langsam in seine vorgeschriebene Tiefe und hält sich während seines Laufes in derselben.

Es treten aber auch Fälle ein, bei denen beide Vorrichtungen dieselbe Wirkung haben. Dieses findet statt, wenn z. B. beim Lanziren aus hoher Aufstellung der Torpedo sehr tief geht und infolge des Impulses von oben das Bestreben hat, noch tiefer zu steuern. Jetzt wirken sowohl Tiefenapparat wie Pendel dahin, das Ruder nach oben zu legen, es erfolgt daher ein sehr kräftiger Ruderausschlag, und der Torpedo wird sehr energisch gezwungen, die richtige Bahn einzuschlagen. Gelangt der Torpedo infolge dieses kräftigen Ruderausschlages in eine horizontale Lage, so wirkt der Tiefenapparat allein, das Pendel mäßigt das Aufsteigen, und das vorhin beschriebene Spiel, also das Gegenanwirken beginnt und bewirkt einen ruhigen Lauf in gleicher Tiefe.*)

Den letzten Theil des Torpedos bilden Tunnel und Schwanzstück.

Ersteres dient dazu, dem Torpedo eine geeignete Form zu geben und wie die Schwimmkammer vorn, so auch hinten eine richtige Gewichtsvertheilung und einen zweckmäßigen Auftrieb zu erzielen.

Fig. 20.

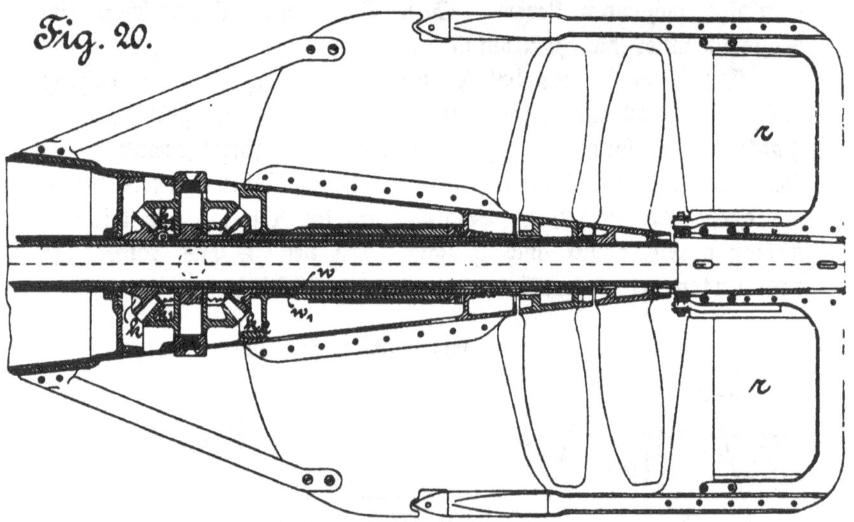

Das Schwanzstück enthält die Propeller und Ruder. Da nur ein Propeller Abweichungen aus der geraden Schußrichtung erzeugt, so verwendet man zwei Schrauben.

*) Die Apparate wirken in entgegengesetztem Sinne, wenn entgegengesetzte Verhältnisse vorliegen, der Torpedo also zu flach geht, u. s. w.

Auf die hohle Schraubenwelle ist ein konisches Kammrad k aufgekeilt (Fig. 20). In dieses greifen seitlich zwei weitere Kammräder k_1, welche wiederum ein viertes hinteres Kammrad k_2 treiben. Dieses ist mit einer kurzen Schraubenwelle versehen, welche die eigentliche Schraubenwelle umgiebt. Die innere Schraubenwelle w dreht die hintere, die äußere w_1 die vordere Schraube. Da durch die Kammradübertragung die Bewegung des hinteren Kammrades gegen das vordere umgedreht wird, hat man eine links- und eine rechtsläufige Schraube, deren ablenkende Wirkungen sich heben.

Das letzte Stück des Torpedos bildet das Ruder r, welches zweitheilig ist, da die Fortsetzung der Schraubenwelle, gleichzeitig Exhaust für die verbrauchte Luft, die Anwendung nur eines Ruderblattes nicht gestattet.

Fünftes Kapitel.

Ausstoßrohre, Kommandoelemente, Zielstellen, Schießen.

Die Ausstoß- oder Lanzirrohre haben den Zweck, den Torpedo aus oder von dem Schiffe oder Boote in das Wasser zu befördern. So einfach dies auf den ersten Blick erscheinen mag, so schwierig ist es in der That, und man geht nicht zu weit, wenn man sagt, daß an der Lanzirung beinahe das ganze Torpedowesen gescheitert wäre. Den Torpedo von festem Stande und aus einem Unterwasserrohr einfach laufen zu lassen ist freilich ein leichtes Ding, die Sache erhält aber ein wesentlich anderes Ansehen von bewegtem Schiffe oder Boote aus.

Welche ausgedehnten Versuche gemacht und welche Erfahrungen erst gesammelt werden mußten, mag aus dem Umstande erhellen, daß es z. B. in der englischen Marine bei nur zwei Kalibern, nämlich für 14 und 18zöllige Torpedos 19 verschiedene Arten von Ausstoßrohren giebt.

Diese Zahl wird nicht überraschen, wenn man hört, daß es giebt und geben muß: einfache Abgangsrohre, Ausstoßrohre für Luft- und Pulverausstoß, Ausstoßrohre für flachen und spitzen Eintritt, Ueberwasser- und Unterwasserrohre, volle Rohre, Deckelrohre und Theildeckelrohre, feste und schwenkbare Rohre, Bug-, Breitseit- und Heckrohre u. s. w. Der Ort für die Aufstellung des Rohres bedingt

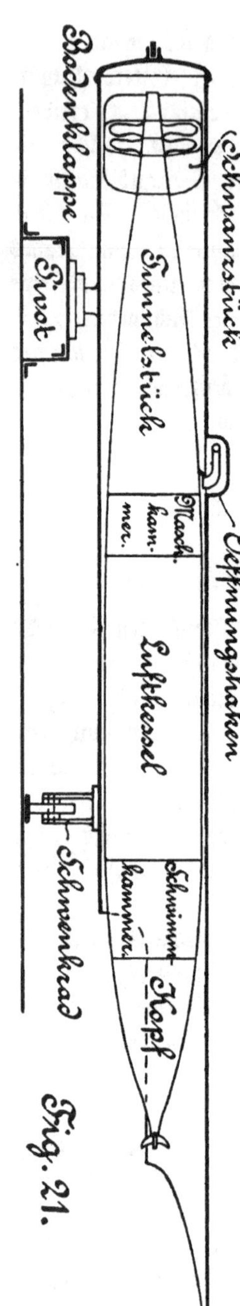

Fig. 21.

dessen Konstruktion, und aus der Kombination verschiedener Vorbedingungen entstehen die vielfachen verschiedenen Arten.

Es wird ohne Weiteres einleuchten, daß es nicht dasselbe ist, ob man einen Torpedo aus einem Unterwasserrohr lanzirt, welches in der Kielrichtung liegt, oder aus einem Ueberwasserrohr, welches nach der Breitseite gerichtet ist. Unausgesetzt stellt der Offizier, welcher das Schießen leitet, neue Forderungen, unausgesetzt ist der Ingenieur, welcher die Armirungen konstruirt, bemüht, den Forderungen nachzukommen, und während die Menge der Neukonstruktionen und Versuche von den Geldmitteln abhängt, beruht der Erfolg wie kaum bei einer anderen Waffe in dem harmonischen Zusammenwirken von Offizier und Ingenieur. Der Offizier, welcher mit der Waffe kämpfen soll, darf eine übergroße Komplizirtheit nicht zulassen, der Ingenieur, welcher die Waffe herstellt, muß die Anforderungen auf möglichst einfachem Wege erfüllen. Nach Maßgabe der Anforderungen hat denn auch die Herstellung der Rohre die verschiedensten Wandlungen erfahren.

In fast allen Marinen begann man mit Schießversuchen aus Unterwasserrohren, ging dann zu Ueberwasserrohren über, als es galt, auch nach der Breitseite zu schießen, und im Allgemeinen ist es zutreffend zu sagen, daß neue Schiffe außer den Heckrohren, welche stets über Wasser liegen, nur Unterwasserrohre, Boote nur Ueberwasserrohre erhalten.

Da es nicht möglich ist, hier alle Arten von Ausstoßrohren zu beschreiben, so soll in Nachstehendem nur die allgemeine Beschreibung eines Ueberwasserrohres folgen.

Das Rohr hat die ungefähre Länge des Torpedos und ist voll gehalten, während nur die obere Hälfte über die Mündung hinaus verlängert ist, um dem Torpedo solange eine Führung (und damit einen besseren Eintritt in das Wasser) zu geben, als sich das Schwanzstück noch innerhalb des vollen Rohres befindet. Der Torpedo ist mit Führungswarzen versehen, das Rohr hat entsprechende Führungsnuten oder Führungsleisten. Verschlossen wird das Rohr mit einer einfachen Bodenklappe. Ueber dem Oeffnungshebel des Torpedos sitzt ein Gehäuse für den Oeffnungshaken. Fig. 21 stellt den Durchschnitt durch ein Rohr mit geladenem Torpedo dar.

In der Skizze nicht angegeben sind:

Einrichtungen für das Abfeuern des Torpedos, bestehend für Pulverausstoß aus einem einfachen Lager mit Abzugsvorrichtung in der Bodenklappe, zur Aufnahme einer Patrone, oder bei Luftausstoß aus einem Behälter nebst geeigneten Ventilen, um im gegebenen Momente Preßluft hinter den Torpedo strömen zu lassen;

Einrichtungen, um ein unbeabsichtigtes Entweichen des Torpedos aus dem Rohre zu verhüten, denn, wie leicht erklärlich, darf der Torpedo nicht wie ein Geschoß fest geführt werden, sondern muß in der Seele Spielraum haben;

Einrichtungen zum Anbringen des Zielapparates;

Einrichtungen zum Festsetzen des Rohres u. s. w.

Bei Unterwasserrohren treten hinzu:

Einrichtungen, bestehend aus Verschlüssen und Schleusen, um vor dem Laden das Wasser aus dem Rohre entfernen zu können, welches nach dem Schuß naturgemäß einströmt. Erwähnt muß werden, daß sinnreiche Einrichtungen getroffen sind, um zu verhüten, daß etwa ein Torpedo bei geschlossenen Schleusen u. s. w. abgefeuert wird.

Die Neuzeit hat einen wichtigen Fortschritt gebracht, welcher in Vorrichtungen besteht, um auch aus Unterwasserrohren nach der Breitseite schießen zu können. Da der Torpedo, sobald er aus dem Rohre und damit aus der Seitenwand des Schiffes tritt, seitlich den vollen Druck des vorbeiströmenden Wassers erhält, bedarf er nothwendigerweise einer Führung, wenn anders er aus seiner Schußrichtung nicht gar zu sehr abgelenkt werden oder einfach abbrechen soll. Es giebt verschiedene Ausführungen desselben Grundgedankens.

Man erreicht den Zweck durch eine Verlängerung der Führung über die Seitenwand des Schiffes hinaus. Die Hülsführung selbst muß wieder beweglich, d. h. aus dem Schiffe aus- und in dasselbe zurückschiebbar sein, und es ist einleuchtend, daß, da diese Art der Lanzirung von höchster Wichtigkeit ist, Angaben über Details streng geheim gehalten werden müssen.

Von den verschiedenen Vorrichtungen, welche die Torpedoarmirung eines Schiffes oder Bootes ausmachen, seien hier nur noch erwähnt die Luftpumpe, die Kommandoelemente und der Zielapparat.

Von den Luftpumpen giebt es verschiedene Ausführungen, und erscheint es überflüssig, dieselben einer Beschreibung zu unterziehen.

Die Kommandoelemente bestehen aus Sprachrohrverbindungen, mechanischen Leitungen, hauptsächlich aber in elektrischen Vorrichtungen zum Ertheilen von Befehlen und zum Abfeuern der Torpedos von der Zielstelle aus.

Es ist ohne Weiteres einleuchtend, daß Unterwasserrohre besonderer Zielvorrichtungen bedürfen. Auf Schiffen haben aber nicht Unterwasserrohre allein, sondern alle Rohre ihre besonderen Zielstellen auf Deck, da für die letzteren ein freier Ueberblick Vorbedingung, dieses aber bei den Ausstoßrohren selbst nicht immer zu erreichen ist.

Die Zielvorrichtungen beruhen auf folgendem Prinzip:

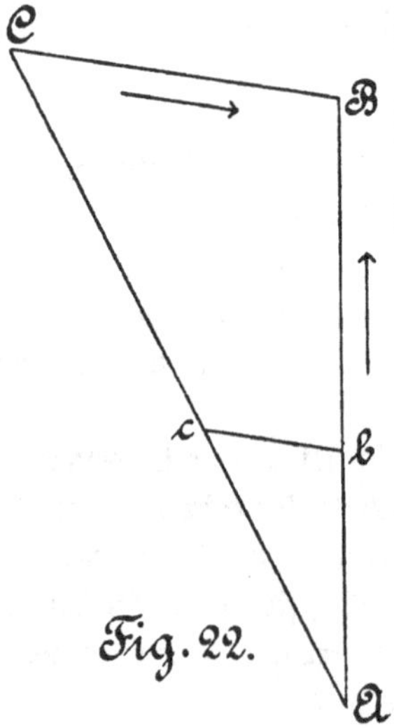

In Fig. 22 sei A der Aufstellungsort des Ausstoßrohres, AB die Laufrichtung des

Fig. 22.

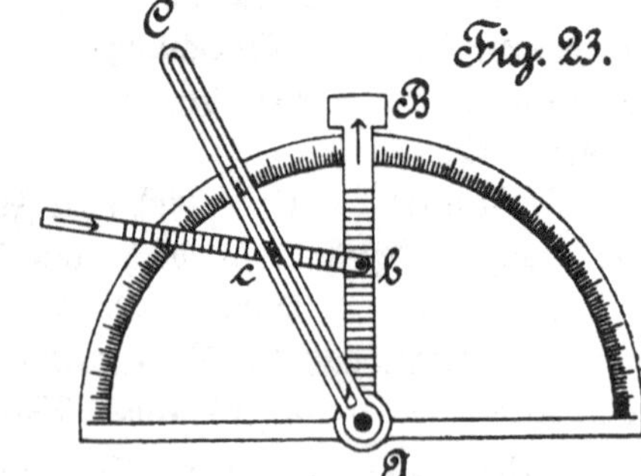

Fig. 23.

Torpedos, CB die Fahrtrichtung des Gegners. In der Annahme, daß der Gegner dieselbe Zeit zum Durchlaufen der Strecke CB gebraucht wie der Torpedo für die Strecke AB, ist B der Treffpunkt des Torpedos und AC die Visirlinie. Der Zielapparat muß dieses sogen. Abkommdreieck wiedergeben und ist nichts Anderes als das in der Fig. 22 angegebene kleine Dreieck Abc. Dieses ist ABC ähnlich, weil cb parallel CB; folglich verhält sich CB zu AB wie cb zu Ab.

In Fig. 23 stellt AB einen um A drehbaren Arm dar. Derselbe wird in der Laufrichtung des Torpedos auf dem Gradbogen bei B festgestellt. Der Arm trägt eine Eintheilung nach Seemeilen für die Geschwindigkeit des Torpedos. Auf AB ist das mit b bezeichnete Ende des Armes bc verschiebbar angebracht. Der Punkt b wird auf diejenige Zahl ein- und dann festgestellt, welche der Geschwindigkeit des Torpedos in Seemeilen entspricht. bc ist um b drehbar und wird in die Richtung gebracht, welche der Gegner steuert. Diese Richtung muß geschätzt werden. Festgestellt wird der Arm bc beim Punkte c mit Hülfe des Armes AC. bc trägt ebenfalls eine Eintheilung nach Seemeilen, und die hier einzustellende Geschwindigkeit des Gegners muß wiederum geschätzt werden. Jetzt repräsentirt Abc sowohl in Fig. 22 wie in Fig. 23 das Abkommdreieck. Der Torpedo läuft in der Richtung AB, der Gegner in der Richtung cb; AC ist die Visirlinie. Daher befindet sich auch (Fig. 23) in A ein Fadenvisir, in C ein Korn.

Der Zielapparat an sich ist einfach, seine richtige Bedienung erfordert aber doch reichliche Uebung, namentlich wenn es gilt, das Ziel schnell zu wechseln, wenn das eigene Fahrzeug und der Gegner im Drehen begriffen sind und wenn sonstige Komplikationen, z. B. ein nothwendig werdendes Schwenken des Rohres, hinzutreten. Da hierfür vielleicht nicht immer die Zeit vorhanden ist, so muß gut ausgebildetes Personal auch ohne Zielapparat sich zu helfen verstehen.

Auf die Unterschiede zwischen dem Schießen mit Torpedos und demjenigen mit Geschützen braucht nicht erst besonders aufmerksam gemacht zu werden. Die Entfernung des Gegners ist innerhalb der Schußdistanz des Torpedos gleichgültig. Aufgabe des kommandirenden Offiziers ist es, sein Fahrzeug richtig heranzuführen, Aufgabe des Torpederoffiziers ist es, den Zielapparat richtig zu bedienen und sein Personal auf eine solche Höhe der Ausbildung zu bringen, daß es jedem Winke zu folgen vermag. Dieses gilt besonders für Torpedoboote, wo nur ein Offizier vorhanden ist, die Bedienung der

Rohre mit Ausnahme des Bugrohres mithin dem Personal allein zufällt.

Wenn die Waffe funktioniren soll, so darf weder beim Bau noch bei der Konservirung, weder beim Exerziren noch beim Schießen, in einem Worte, es darf an keiner Stelle eine Unterlassungssünde begangen worden sein oder geschehen.

Ein Staubkorn im Schieber der Steuermaschine, eine falsche Regulatorfederspannung, ein falsch eingestellter Tiefenapparat, eine schlechte Maschinenarretirung, ein verbogener Oeffnungshebel, eine falsche Lanzirung, ein falsches Bedienen des Zielapparates, ein ungünstiger Auftreffwinkel und vieles Andere können den Erfolg ausschließen oder zum Mindesten in Frage stellen. Daher gehörte zum Schießen in erster Linie eine gewissermaßen tadellose Vergangenheit des Materiales. Und thatsächlich ist hiermit nicht zu viel gesagt, denn jeder Torpedo hat seine Vergangenheit und seine Eigenart, und je länger das Personal mit demselben umgegangen ist, desto besser. Demnächst gehört zum Schießen das Aufpumpen des Torpedos und eine kurze Schlußrevision der integrirenden Theile. Dann wird der Torpedo geladen, d. h. in das Ausstoßrohr gebracht und letzteres mittelst Pulverpatrone und Zündschraube oder mittelst Luftpatrone für Hand- oder elektrische Abfeuerung fertig gemacht. Bei Unterwasserrohren tritt das Oeffnen der Schleusen und Fluthen des Rohres hinzu. Schwenkbare Rohre werden auf eine bestimmte Schußrichtung gestellt.

Das Funktioniren des Tiefenapparates und des Pendels sind früher schon beschrieben worden. Beim Schießen mit Torpedos ist zu bedenken, daß das Ingangsetzen des Geschosses nicht mit derselben Geschwindigkeit wie bei Geschützen erfolgt. Es tritt mithin eine gewisse Verzögerung ein. Entgegen dem Geschosse aus einer Kanone verliert der Torpedo die aus der Fahrt des eigenen Schiffes resultirende seitliche Vorwärtsbewegung, sobald er in das Wasser tritt. Es treten vielmehr infolge des Lanzirens ein: eine Ablenkung aus der Schußrichtung des Torpedos und ein Retardiren des Pendels.

Der Torpedo tritt mit dem Kopf zuerst in das Wasser, folglich wird er abgelenkt. Der seitlich erfolgende Stoß trifft den Torpedo aber auch nicht in seinem Schwerpunkte, folglich wird der Torpedo um seine Längsachse gedreht. In solcher, d. h. also in schiefer Lage wirken aber die Horizontalruder theilweise als Vertikalruder und lenken mithin den Torpedo ebenfalls aus seiner Schußrichtung. Man begegnet diesem Umstande durch geeignete Feststellung der Ruder. Dieses wird auch noch bedingt durch das vorhin schon genannte Retardiren des Pendels. Es vergeht eine gewisse Zeit, ehe das Pendel die Bewegung des Torpedos aufgenommen hat. Das frei hängende Pendel legt sich infolge der Lanzirung nach hinten, würde mithin einen Ruderausschlag bewirken, der leicht stören könnte, wenn nicht Gegenmittel geschaffen würden. Es besteht daher eine Einrichtung, die Ruderarretirung, welche ein Legen des Ruders unmittelbar nach der Lanzirung für eine gewisse Zeit verhindert. Ist der Torpedo in das Wasser gelangt und haben Maschinen- und Ruderarretirung ihre Funktionen erfüllt, so beginnt das im vorigen Kapitel beschriebene Spiel, und der Torpedo tritt nach mehr oder minder heftigen Schwankungen einen ruhigen Tiefenlauf an.

Anders gestalten sich die Verhältnisse beim Schießen in der Kielrichtung, anders beim Schießen aus Unterwasserrohren, anders bei drehendem Schiffe oder Boote.

Ist ein vorzügliches Material die erste Vorbedingung, so sind es, wie aus Vorstehendem gefolgert werden kann, nicht minder die Qualität des Personals und die Art und Sorgfalt der Ausbildung, welche den Erfolg bedingen.

Sechstes Kapitel.

Sonstige Torpedos.

Da es der Zweck dieses kleinen Werkes ist, dem Nichtfachmanne eine allgemeine Darstellung des jetzigen gesammten Torpedowesens zu geben, so dürfen diejenigen Torpedos nicht mit Stillschweigen übergangen werden, mit welchen Versuche noch gemacht werden oder die in den Frontdienst eingeführt sind.

Zu letzteren gehören der Brennantorpedo, welcher in England als Vertheidigungsmittel enger Hafeneinfahrten dient, und der Howelltorpedo, der in der Marine der Vereinigten Staaten von Nordamerika zwar noch nicht definitiv eingeführt ist, aber doch dem Whiteheadtorpedo lebhafte Konkurrenz macht.

Es mag nicht zum geringsten Theile der gewaltige finanzielle Erfolg sein, den Whitehead hatte, welcher namentlich amerikanische Erfinder zu unausgesetzter Thätigkeit anspornt.

So giebt es denn unzählige Projekte von Torpedos, welche aber mit Ausnahme der Wurf- und Raketentorpedos sämmtlich an zu großer Komplizirtheit leiden. Nur die beiden schon genannten Systeme können als einfache oder doch einfachere bezeichnet werden. Läßt man aber diese Hauptanforderung an eine Kriegswaffe außer Betracht, so ist es bei dem Stande und dem Fortschreiten der heutigen Technik nicht schwer, jede andere Anforderung zu erfüllen. Es soll daher nachstehend nur eine allgemeine Beschreibung der Prinzipien folgen, nach denen die sonstigen Torpedos hergestellt sind. Diese Torpedos lassen sich gruppiren in Wurf-, Raketen-, lenkbare und automobile Torpedos.

Unter Wurftorpedos versteht man nichts Anderes als eine Art von Unterwassergeschoß im Sinne der Artillerie.

Es handelt sich hierbei hauptsächlich um den Ericsontorpedo, eine Waffe, deren Förderung in den Händen einer nordamerikanischen Privatgesellschaft liegt. Der Torpedo hat die äußere Gestalt des Whiteheadtorpedos, ist aber schlanker gehalten. Dieses Geschoß wird einfach aus dem Lanzirrohre hinausgeschossen. Zwar ist der Gedanke einfach genug, und der Vorwurf der Komplizirtheit kann dieser Waffe nicht gemacht werden, der Nachtheil liegt aber in der rapiden

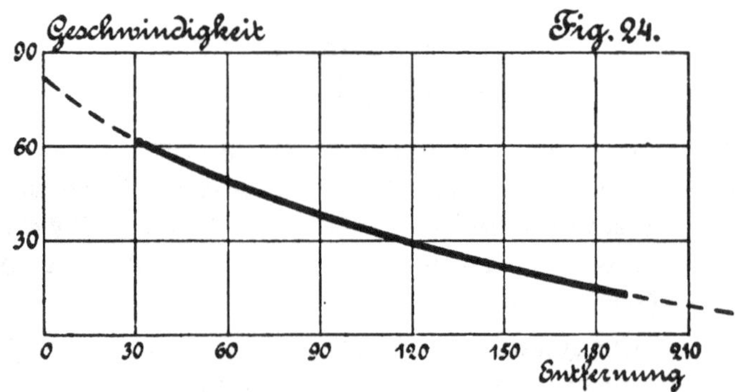

Geschwindigkeitsabnahme des Geschosses. So hat dasselbe beispielsweise auf einer Entfernung von 30 m vor der Mündung des Lanzirrohres die höchst achtbare Geschwindigkeit von 60 m pro

Sekunde, auf 120 m aber schon kaum die halbe, auf 210 m nur noch den dritten Theil dieser Geschwindigkeit. Während Fig. 24 eine einfache Geschwindigkeitskurve zeigt, veranschaulicht Fig. 25 die

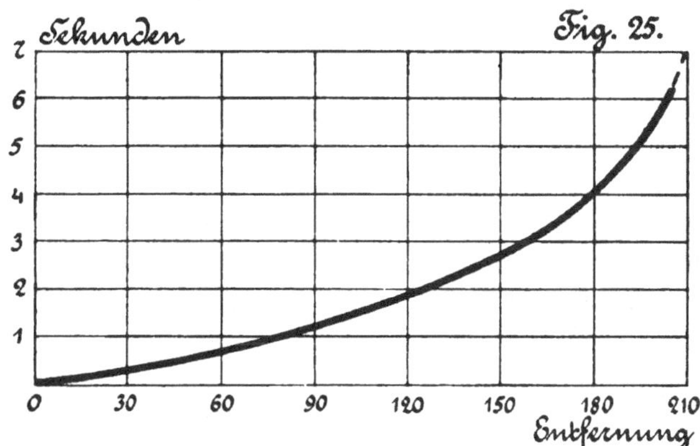

Abnahme der Geschwindigkeit und giebt ein Bild des Unterwasserschusses. Hier ist zu erkennen, daß das Geschoß ungefähr dieselben Strecken zurücklegt in der ersten Sekunde seines Laufes, in den beiden nächsten, und wiederum in den folgenden vier nächsten Sekunden zusammen. Beide Kurven zeigen, daß dieses Geschoß nur auf ganz geringe Distanzen verwendbar ist, und daß, falls größere Schußentfernungen erreicht werden sollten, das Schießen und Treffen recht schwere Sachen werden müssen.

Es muß hier bemerkt werden, daß eine Steigerung der Ausstoßladung die Anfangsgeschwindigkeit nur ganz unwesentlich erhöht hat und auch nur unwesentlich erhöhen kann, falls nicht ganz enorme Ausstoßladungen verwendet werden.

Die Raketentorpedos haben ebenfalls in Amerika ihre Anhänger. Dieselben sind einfache Wurftorpedos, tragen aber in ihrer Längsachse ein mit Raketensatz gefülltes Rohr. Nach erfolgtem Ausstoß soll dieser Raketensatz abbrennen und den Torpedo vermittelst der Reaktion treiben. Die Idee ist alt, und die Erfolge sind bislang unbefriedigend.

Es scheint, als ob diese Torpedos an zu großer Einfachheit litten, da ihnen ein Tiefenapparat fehlt, indessen ist es wohl möglich, daß die Zukunft ihre Entwickelung bis zur Kriegsbrauchbarkeit fördert.

Von lenkbaren Torpedos seien genannt Lay-, Sims-Edison-, Nordenfeld-, Patrick-, Victoria- und Brennantorpedo, welch letzterer von Maxim verbessert worden ist.

Von diesen Torpedos hat der zuerst genannte im chilenisch-peruanischen Kriege auf peruanischer Seite Verwendung gefunden. Dem Personal fehlte aber die Kenntniß der Waffe, und der Erfolg blieb aus (vergl. S. 18). Der Torpedo wurde durch Kohlensäure getrieben, schwamm an der Oberfläche und wurde vom festen Stande aus mit Kabeln gesteuert. Da die Waffe inzwischen veraltet ist, sei sie hier übergangen.

Der Sims-Edison- und der Nordenfeldtorpedo werden nur durch Elektrizität, der Patricktorpedo durch Elektrizität und Kohlensäure, der Victoriatorpedo durch Elektrizität und Preßluft, der Brennantorpedo durch mechanische Vorrichtungen getrieben.

Die lenkbaren Torpedos können von Schiffen oder Booten aus entweder gar nicht, oder nur unter ganz bestimmten Bedingungen gebraucht werden. Man findet sie daher nur als Küstenvertheidigungsmittel.

Diese Torpedos verlangen die rücksichtsvollste Behandlung, bedingen große Kenntnisse des Bedienungspersonals, erfordern bei den Zielstellen oder Beobachtungsstationen Dynamo- oder Dampfmaschinen und haben außer ihrer Kostspieligkeit noch sonstige höchst bedenkliche Nachtheile. Es dürfte namentlich schwer sein, mehrere solcher Torpedos gleichzeitig an einer Stelle, d. h. sie also als zusammenhängende Torpedobatterie zu verwenden. Nicht etwa, daß Aufstellung 2c. solches unmöglich machten, aber das Schießen dürfte schwierig sein. Der Hauptvortheil der Torpedos, daß man dem Feinde folgen kann, mag gelten. Es könnte aber das Treffen schwieriger sein, als es den Anschein hat, man denke z. B. an Pulverrauch. Trifft aber ein lenkbarer Torpedo nicht, so soll er zur Station zurückkehren. Ist das Kabel dazu lang genug (was keineswegs immer der Fall sein dürfte), so bildet es offenbar eine Schleife. Ob diese Schleife für den Nachbartorpedo ein Hinderniß bildet, bleibe dahingestellt. Jedenfalls können die Kabel sich verwickeln, und wie lange Zeit es dauert, verwickelte Kabel wieder aufzurollen und zum Gebrauche wieder bereit zu stellen, ist unbestimmbar. Auch dürfen die Kabel dabei nicht beschädigt werden.

Beim Brennantorpedo liegt die Leitung, wie später gezeigt werden wird, über Wasser. Dieser Torpedo kann auch nicht zur

Station zurückgesteuert werden. Hier wäre mithin größte Vorsicht beim gleichzeitigen Gebrauch zweier oder mehrerer Torpedos geboten.

Es bleibt mithin nur die Anwendung eines Torpedos zur Zeit zulässig.

Da aber ein nicht treffender Torpedo die ganze Batterie außer Thätigkeit setzen oder doch ihren Wirkungskreis stark beeinträchtigen könnte, so wäre es zum Mindesten sehr unsparsam, überhaupt mehr als einen Torpedo an einem Orte aufzustellen.

Ist aber nur ein Torpedo vorhanden, und erfüllt dieser eine Torpedo auch wirklich seinen Zweck an einem Schiffe, so ist ja die Bahn für weitere Schiffe wieder frei.

Es sind aber nicht diese Nachtheile, welche die lenkbaren Torpedos kriegsunbrauchbar erscheinen lassen. Man erreicht den Zweck einfacher, billiger und besser auf anderem Wege, und es wäre nicht zu verwundern, wenn die englische Armee*) den Brennantorpedo, welchen sie mit einem Kostenaufwande von über 150000 Pfund Sterling eingeführt hat, wieder fallen läßt.

In Fig. 26 sind der Sims-Edison- und der Nordenfeldtorpedo dargestellt. Ersterer besteht aus dem Schwimmer und dem eigentlichen Torpedo. Der Schwimmer ist ein aus Kupfer hergestelltes, leichtes, kleines Boot, dazu bestimmt, den Torpedo zu tragen. Auf dem Deck des Bootes sind zwei mit Flaggen oder Bällen versehene Stützen angebracht, welche über Wasser ragen und als Visir dienen. Damit der Torpedo unter leichteren Hindernissen durchschlüpfen kann, sind diese beiden Visire mit Scharnieren versehen, so daß sie nach hinten umklappen und sich dann wieder aufrichten können. Demselben Zwecke des Durchschlüpfens dient die schräge vordere Verbindung des Schwimmers mit dem Torpedo. Letzterer enthält die Sprengladung s, die Kabelkammer K und die Maschinenkammer M.

Das Kabel enthält zwei isolirte Leitungen, von denen die innere zum Steuermotor, die äußere zum Maschinenmotor führt. Das Kabel wickelt sich ab und läuft unten aus einem Rohre am Torpedo aus; es ist je nach der Größe des Torpedos bis 3600 m lang. Die Maschine ist von Edison konstruirt. Die Zündung der Spreng-

*) Der Brennantorpedo wird nicht von der englischen Marine, sondern von der Armee (Royal Engineers) bedient.

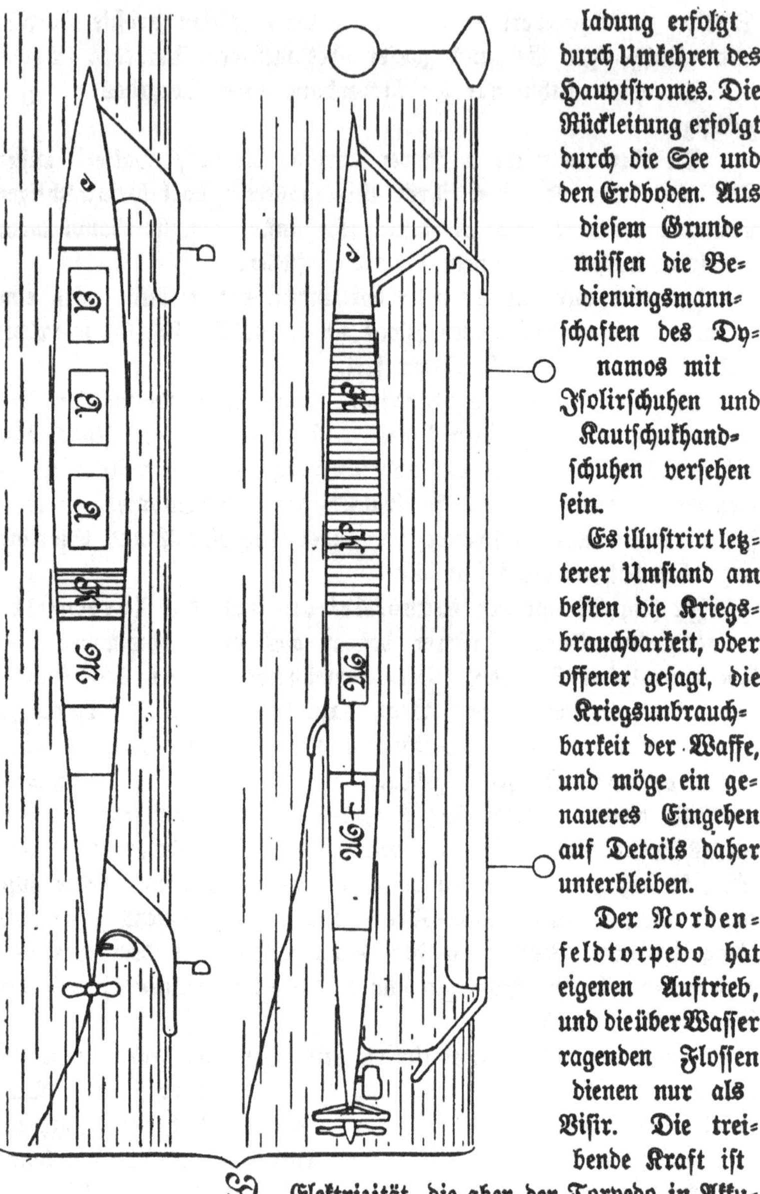

Fig. 26.

ladung erfolgt durch Umkehren des Hauptstromes. Die Rückleitung erfolgt durch die See und den Erdboden. Aus diesem Grunde müssen die Bedienungsmannschaften des Dynamos mit Isolirschuhen und Kautschukhandschuhen versehen sein.

Es illustrirt letzterer Umstand am besten die Kriegsbrauchbarkeit, oder offener gesagt, die Kriegsunbrauchbarkeit der Waffe, und möge ein genaueres Eingehen auf Details daher unterbleiben.

Der Nordenfeldtorpedo hat eigenen Auftrieb, und die über Wasser ragenden Flossen dienen nur als Visir. Die treibende Kraft ist Elektrizität, die aber der Torpedo in Akkumulatoren A mit sich führt. Vor diesem Theile des Torpedos befindet sich der Kopf mit der Sprengladung s, hinter den Akkumulatoren liegen die Kabelkammer K, die Maschinenkammer M und im hintersten Theile Vorrichtungen zum Steuern des Torpedos. Es verdient erwähnt zu werden, daß dieser Torpedo in verschiedener Tiefe gehalten werden kann und daß er für den Nachtgebrauch mit einem elektrischen Licht versehen ist.

Der **Patricktorpedo** (Fig. 27) wird mittelst flüssiger Kohlensäure getrieben und mittelst Elektrizität gesteuert. Es ist wie beim Sims-Edisontorpedo ein Schwimmer vorhanden, welcher den Torpedo trägt. Letzterer enthält von vorn nach hinten gezählt die Sprengladung s, einen Apparat für Kontakt- und elektrische Zündung Z, den Anwärmeapparat A_I für die flüssige Kohlensäure, den Behälter für die flüssige Kohlensäure C, wiederum einen Anwärmeapparat A_{II}, die Kabelkammer K und schließlich die Maschine M und den Steuerapparat.

Vor dem Schuß muß durch Oeffnen eines Ventils die flüssige Kohlensäure in die Anwärmeapparate geleitet werden. Diese letzteren bestehen aus Schlangenrohren, welche von verdünnter Schwefelsäure umspült werden. Ein selbstthätig wirkender Apparat läßt in regelmäßigen Pausen Stücke gebrannten Kalkes in die Schwefelsäure fallen, wodurch in dieser eine Temperatur von 70° C erhalten wird. Die Anwärmeapparate sind nöthig, um zu verhindern, daß die flüssige Kohlensäure beim Uebergehen in den luftförmigen Aggregatzustand gefriere.

Der **Victoriatorpedo** wird durch Preßluft getrieben. Die Steuerung erfolgt elektrisch mittelst Kabels. Dieser Torpedo

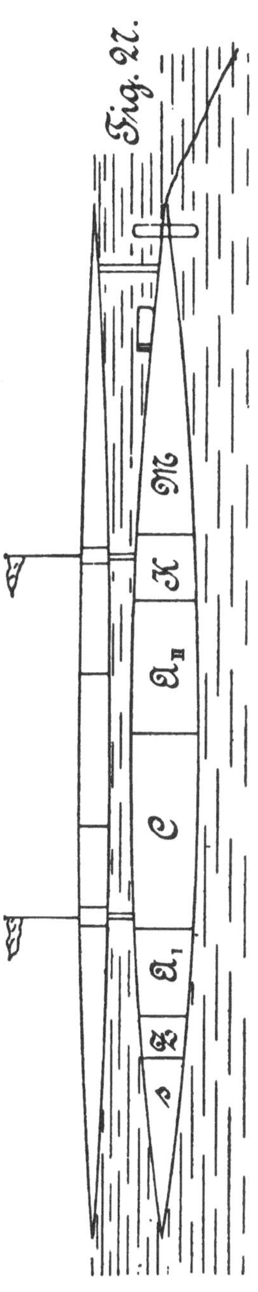

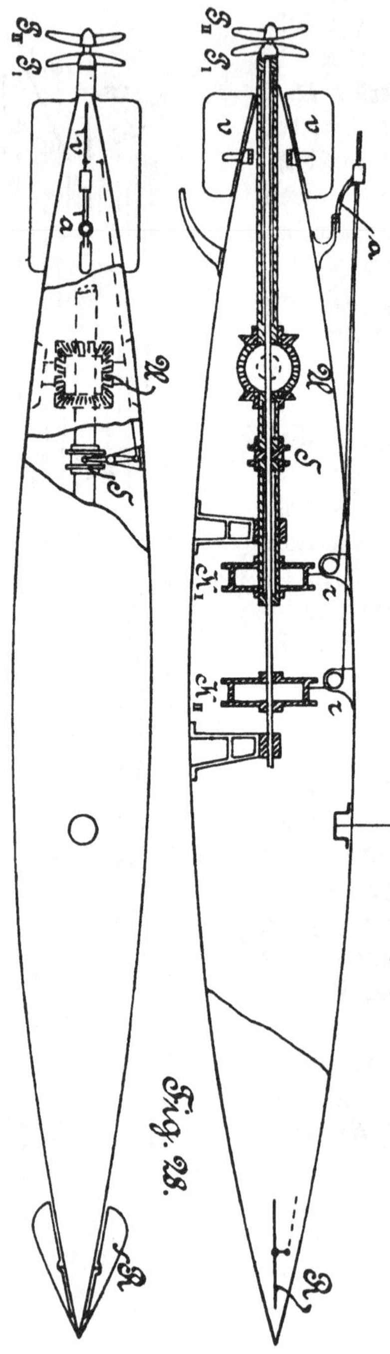
Fig. 28.

scheint daher ein vervollkommneter Whiteheadtorpedo zu sein.

Der Brennantorpedo verlangt eingehendere Darstellung, nicht allein, weil seine Bewegungs- und Steuerungseinrichtungen ebenso originell wie scharfsinnig erdacht sind, sondern auch weil er in England, scheinbar in Sheerneß, zur Vertheidigung der Einfahrt in den Medway eingeführt ist.

Fig. 28 stellt diesen Torpedo dar. Die Sprengladung befindet sich wie bei allen Torpedos vorn im Kopf. Ebenfalls vorn liegt ein Tiefensteuerapparat, welcher dem Whiteheadschen ähnlich ist und der die gleichfalls vorn liegenden Horizontalruder R bewegt. Eine Steuermaschine fehlt, weil keine Preßluft vorhanden ist. Da die Uebertragungen nur kurz sind, kann die Steuermaschine auch entbehrt werden; der Tiefenlauf des Torpedos soll gut sein. Die Richtung, welche der Torpedo nimmt, wird durch einen Stab mit Ball oder Fähnchen, nachts durch ein Chlorcalciumlicht, neuerdings durch eine 16 kerzige elektrische Lampe angezeigt. Der Bewegungsmechanismus wird gebildet durch die beiden Trommeln K I und K II, welche die Schraubenwellen treiben. Die Trommel K II bewegt die innere Welle und den hinteren Propeller P_{II}, die Trommel K_{I} die äußere Schraubenwelle und den vorderen Propeller P_{I}. Die Drehrichtung der äußeren Schraubenwelle wird durch die Kammradübertragung U ebenso wie beim Whiteheadtorpedo umgekehrt.

Auf die Trommeln sind je 2800 m Klaviersaiten aufgerollt. Die Enden der Klaviersaiten sind über die Rollen r und den Führungsarm a hinten aus dem Torpedo heraus und an Land geführt. Hier sind die Klaviersaiten wieder um zwei Rollen gelegt, welche durch eine Dampfmaschine getrieben werden. Der Torpedo wird auf einer Laffete bis in das Wasser gefahren und die Maschine an Land in Gang gesetzt. Dadurch werden die Klaviersaiten an Land auf-, im Torpedo abgerollt. Mithin werden die Trommeln K_{I} und K_{II} in heftige Umdrehung versetzt, damit auch die Schraubenwellen und die Propeller; folglich macht der Torpedo Fahrt voraus. Hier hat man also das originelle Spiel, daß der Torpedo desto schneller davonläuft, je kräf-

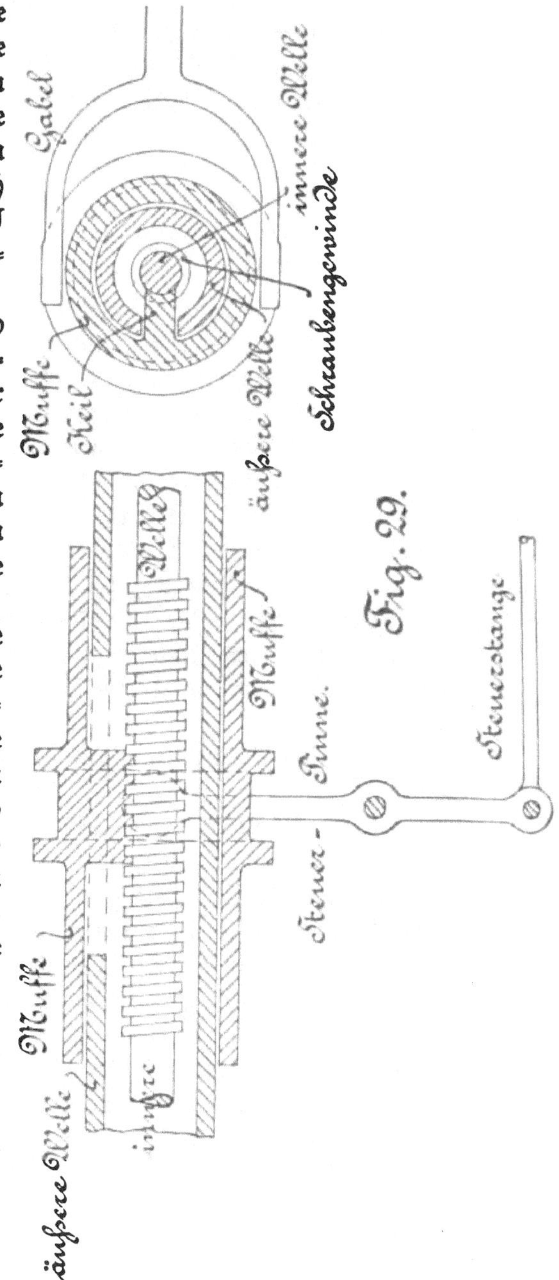

Fig. 29.

tiger man an ihm zieht. Wird der Torpedo durch die Differenz zweier Kräfte, nämlich der durch die Propeller ausgeübten Triebkraft und der Zugkraft in den Klaviersaiten, getrieben, so ist es die Differenz der Umdrehungszahlen beider Schraubenwellen, also auch der Trommeln, womit man den Torpedo lenkt. Hierzu dient der Steuermechanismus S. Fig. 29 veranschaulicht das Prinzip des Apparates. Die innere Welle ist mit einem Schraubengewinde versehen. Die äußere Welle hat hier einen Schlitz. Durch diesen hindurch reicht ein Keil, welcher von einer Muffe ausgeht, die wiederum auf der äußeren Welle verschiebbar, aber um dieselbe wegen ebendesselben Keiles nicht drehbar ist. Das innere Ende des Keiles greift in das Schraubengewinde der inneren Welle. Die Muffe ist außen mit zwei Wulsten umgeben, zwischen denen das gabelförmige Ende der Steuerpinne liegt. Die Pinne ist ein zweiarmiger Hebel, dessen anderes, nicht gabelförmiges Ende an die Steuerstange direkt angreift. Die Bewegung der letzteren wird durch einfache Hebelübertragung auf die Vertikalruder v (Fig. 28) übertragen.

Denkt man sich (Fig. 29) die äußere Welle feststehend und die innere Welle gedreht, so kann die Muffe wegen des Keiles nicht mitdrehen. Folglich wird letzterer nach der einen oder der anderen Seite geschraubt, wobei er in dem Schlitze der äußeren Welle gleitet. Mit dem Keil werden die Muffe, mit dieser die Gabel der Steuerpinne, damit die Steuerstange und in weiterer Folge die Ruder bewegt.

Drehen beide Wellen gleichmäßig schnell, ist also die Differenz ihrer Umdrehungszahlen gleich 0, so bleibt die Muffe auf ihrem Platze, und der Torpedo geht geradeaus; drehen aber die Wellen ungleichmäßig schnell, so beginnt das vorhin beschriebene Spiel, denn es ist für das Arbeiten der Einrichtung gleichgiltig, ob die eine Welle steht und die andere dreht, oder ob beide Wellen drehen, die eine aber schneller als die andere. Dann ist die Differenz der Umdrehungszahlen nicht gleich 0. Da die Schraubenwellen aber durch die Trommeln und diese wieder mittelst der Klaviersaiten von Land aus gedreht werden, so hat man es in der Hand, die Wellen verschieden schnell drehen zu lassen, damit die Ruder zu bewegen und den Torpedo zu steuern. Dieses Steuern ist innerhalb eines Winkels von 40° nach jeder Seite möglich. Unmöglich aber ist es, den

Torpedo zu seinem Abgangsorte zurückkehren zu lassen, denn seine Laufrichtung und die Richtung, nach welcher die Klaviersaiten eingeholt werden, müssen einander mindestens annähernd entgegengesetzt sein. Die Dampfwinde an Land ist so eingerichtet, daß die eine Trommel von selbst langsamer dreht, wenn die andere ihre Umdrehungsgeschwindigkeit beschleunigt, und umgekehrt.

So verhältnißmäßig einfach und hübsch das Ganze durchdacht ist, so schwere Mängel haften dem Torpedo an. Die Verbindung zwischen Torpedo und Land liegt über Wasser, und wie dieses im Frieden schon vorgekommen ist, so könnten vielleicht auch im Kriege die Klaviersaiten durch kleinere Fahrzeuge leicht zerrissen werden.

Der kleine Stab mit Fähnchen oder Ball zum Anzeigen der Laufrichtung des Torpedos raubt dem letzteren etwa 17 pCt. seiner Geschwindigkeit, die nur 9 bis 10 m pro Sekunde beträgt. Ein moderner Whiteheadtorpedo aber läuft etwa 18 m pro Sekunde.

Der Erfinder der Maschinengewehre, Maxim, hat die Verbesserung des Brennantorpedos in die Hand genommen und ein entsprechendes Patent erhalten, das Prinzip ist aber dasselbe geblieben.

Erwähnt mag schließlich sein, daß Brennan früher Uhrmacher in Melbourne war und daß er mit seiner Idee einen recht ausgiebigen finanziellen Erfolg hatte.

Der letzte, hier in Betracht kommende Torpedo ist der nach seinem Erfinder, einem Kapitän der Vereinigten Staaten-Flotte, genannte Howelltorpedo. Er wird wie der Whiteheadtorpedo mit eigener Kraft getrieben, ist also automobil.

Das Prinzip des Torpedos ist das folgende:

In dem Torpedo Fig. 30 befindet sich ein Schwungrad s, welches vor dem Schuß durch eine am Ausstoßrohr befindliche Turbinen-Dampfmaschine in Umdrehung versetzt wird. Mit der Achse a des Schwungrades und mit diesem selbst sind fest verbunden die Kammräder k. In letztere greifen ein die Kammräder K, welche auf den Schraubenwellen W sitzen. Dreht sich das Schwungrad, so thun dieses auch die Kammräder, damit die nebeneinander liegenden Schraubenwellen und die Propeller. Es ist einleuchtend, daß die letzteren entgegengesetzte Drehrichtung erhalten. Die Umdrehungszahl, welche dem Schwungrad gegeben wird und gegeben werden muß, ist eine ungeheure; sie beträgt etwa 160 pro Sekunde oder annähernd

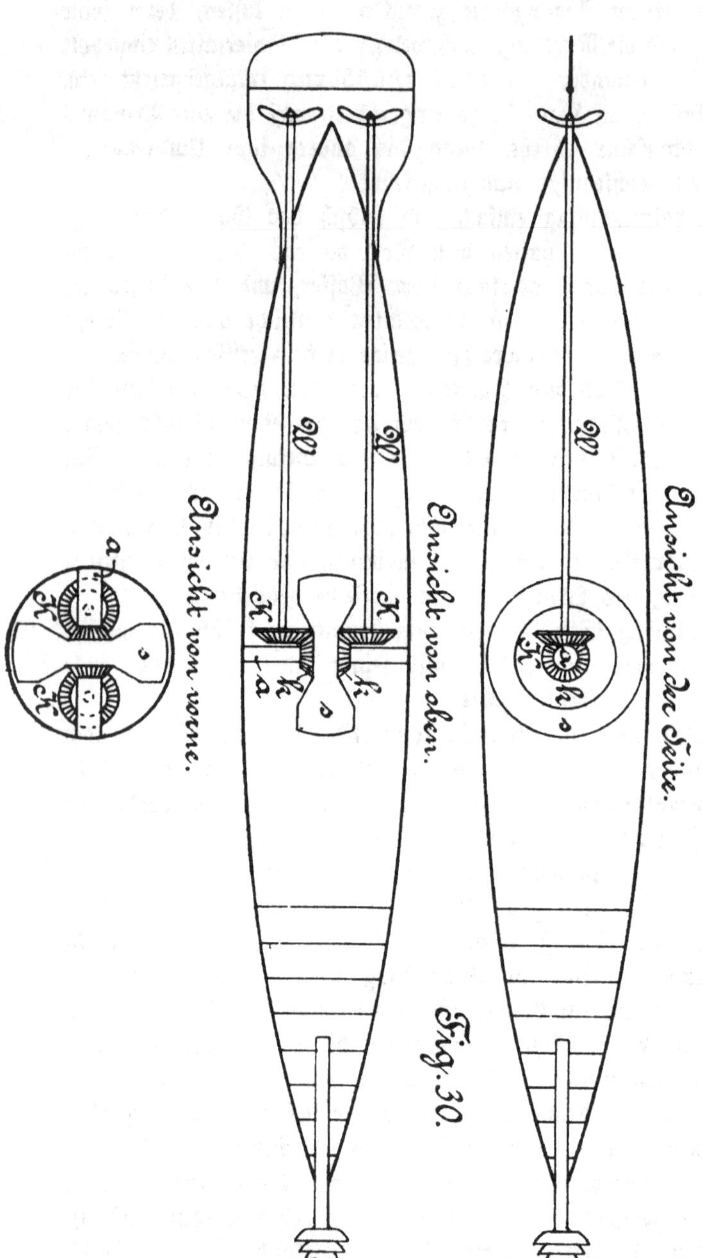

Ansicht von der Seite.
Ansicht von oben.
Ansicht von vorne.
W
W
W
K
K
K
K
K
k
k
k
a
a
s
s
s

Fig. 30.

10 000 pro Minute. Man speichert damit eine Arbeit von über 150 000 Meterkilogrammen in dem Torpedo auf. Schwungrad und Kammräder leisten mithin das, was im Whiteheadtorpedo Luftkessel und Maschine thun. Die hieraus entspringende Einfachheit der Konstruktion ist ein Hauptvortheil des Howell- über den Whiteheadtorpedo. Die Antriebsmaschine am Ausstoßrohr wird bis kurz vor dem Lanziren des Torpedos in Gang gehalten. Der Ausstoß des Torpedos erfolgt mittelst Pulver. Sobald der Torpedo ins Wasser tritt, verbraucht sich die Kraft schnell, denn es giebt keinen Regulirapparat. Damit der Torpedo seine Geschwindigkeit nicht verliert, befinden sich an den Enden der Schraubenwellen geeignete Vorrichtnngen, um die Steigung der Schraubenflügel während des Ganges wachsen zu lassen. Der Tiefenapparat ist nach demselben Prinzip konstruirt wie der des Whiteheadtorpedos. Die Pistole hat eine sehr einfache Vorrichtung, um einen fehlgegangenen Torpedo unschädlich zu machen, nämlich zwei mit Seife verschmierte kleine Oeffnungen. Sobald das Wasser die Seife aufgelöst hat, tritt es an die trockene Schießbaumwolle, feuchtet dieselbe an und macht sie gegen die Wirkung der Zündpille unempfindlich. (Ein fehlgegangener Whiteheadtorpedo sinkt.)

Obgleich der Howelltorpedo schon seit zehn Jahren erprobt wird und namentlich die Marine der Vereinigten Staaten unausgesetzt Versuche anstellen läßt, hat diese Waffe den Whiteheadtorpedo noch nicht verdrängen können. Fortwährend werden Aenderungen vorgenommen und Verbesserungen eingeführt, und sei aus diesem Grunde von der weiteren Darlegung von Details Abstand genommen.

Indessen verdient diese geniale Erfindung mit derjenigen Whiteheads verglichen zu werden.

Von der Einfachheit der Konstruktion als einem Vortheile war schon gesprochen worden. Ein weiterer Vortheil ist die Richtkraft des Howelltorpedos. Das rotirende Schwungrad repräsentirt ein Foucaultsches Pendel, und soll der Gradlauf des Torpedos unter normalen Verhältnissen thatsächlich vorzüglich sein. Liegen aber *keine* normalen Verhältnisse vor, so könnten einmal erfolgte Ablenkungen des Torpedos, wie solche beim Lanziren nach der Breitseite und bei Seegang unvermeidlich sind, infolge jener Richtkraft grade ein *Fehlgehen* des Schusses bewirken. So macht sich jedes Krängen empfindlich bemerkbar, und ist deshalb der Torpedo mit einem Aufrichteapparat versehen. Derselbe besteht aus einem Pendel, das in der Querrichtung des Torpedos schwingt und ein Paar Vertikalruder in Bewegung setzt. Dieser Apparat aber erhöht die Einfachheit der Gesammtkonstruktion keineswegs, und da auch der Whiteheadtorpedo neuerdings seine Vertikalsteuerung erhält, verblassen die Vorzüge des amerikanischen Konkurrenten, zumal sein Tiefenlauf zu wünschen läßt, mehr und mehr.

Aber selbst eine größere Einfachheit und einen besseren Gradlauf zugegeben, so hat der Howelltorpedo doch dem Whiteheadtorpedo gegenüber solche Nachtheile, daß ein Verdrängen des letzteren vorläufig noch nicht zu erwarten ist.

In erster Linie hat der Howelltorpedo die Geschwindigkeit des Whiteheadtorpedos noch nicht erreicht. Bei der stets wachsenden Geschwindigkeit der Schiffe ist aber die größtmögliche Geschwindigkeit des Torpedos die erste und wichtigste Anforderung an die Waffe.

Demnächst ist es die Gefechtsbereitschaft, in der der Whiteheadtorpedo dem Howelltorpedo überlegen ist. Der einmal aufgepumpte Luftkessel des Whiteheadtorpedos ist, wenn auch nicht für längere Zeit, so doch jedenfalls für die Dauer eines Gefechtes verwendungsbereit. Beim Howelltorpedo muß die Antriebsmaschine dauernd in Gang gehalten werden. Zwar sind in dieser Beziehung schon derartige Verbesserungen eingeführt, daß der Nachtheil nicht besonders groß ist. So soll man das Schwungrad eine volle Stunde lang in vollem Gange, also auf 160 Umdrehungen pro Sekunde, halten können, ohne daß ein Oelen oder Nachsehen nothwendig wird; man soll zum Erreichen der Maximalumdrehungszahl aus Ruhe nur der Zeit von 45 Sekunden bedürfen u. A. m.; indessen erhellt hieraus, daß, wenn auch die Konstruktion der Torpedos einfacher sein mag, die Ausstoßrohre und das Bedienen der Waffe im Gefecht verwickelter sind.

Sehr wenig Aussicht aber hat der Howelltorpedo, jemals aus Unterwasserrohren lanzirt werden zu können; denn wenn auch die Ausführung keineswegs unmöglich erscheint, so würde die Konstruktion der Ausstoßrohre doch so komplizirt werden, daß der Vortheil der Einfachheit gänzlich schwinden müßte.

Es sind dies nicht alle Umstände, welche für oder gegen den Howelltorpedo sprechen. Ein weiteres Eingehen möge aber unterbleiben, da dasselbe die Erörterung von Einzelheiten der Konstruktion, die wiederum noch nicht abgeschlossen ist, nach sich ziehen würde.

Die Reihe der automobilen Torpedos ist hiermit noch nicht abgeschlossen. Es giebt noch Torpedos von Hall, Peck, Paulson und Anderen, und die Zahl der Erfinder ist im Steigen begriffen. Dampf und flüssige Kohlensäure sind die Triebmittel, und ob nicht die Elektrizität mit der Vervollkommnung der Akkumulatoren noch gewaltige Aenderungen in der Konstruktion der Torpedos hervorbringen wird, dürfte eine Frage der Zeit sein.

Dritter Abschnitt.

Die Verwendung der Torpedos.

Siebentes Kapitel.

Die Armirung von Schiffen mit Torpedos. — Torpedofahrzeuge und Torpedoboote.

Nachdem die Gebrauchsfähigkeit der Torpedos sichergestellt war, ging man mit großem Eifer daran, Schiffe und Boote mit der neuen Waffe auszurüsten.

Gewaltiges wurde von dem Torpedo erwartet, und die Zahl derjenigen ist selbst heute noch nicht ausgestorben, welche meinen, daß der Torpedo die Waffe der Zukunft sei und mit den schweren Geschützen auch die schweren Schlachtschiffe aus der Welt schaffen werde. Es muß dieses Thema einem späteren Kapitel vorbehalten bleiben; hier handelt es sich zunächst um die Armirungen. Die Erfindung der Torpedos fiel nicht fern von der Einführung der Panzerschiffe.

Es war damals (20. Juli 1866) die Schlacht bei Lissa geschlagen worden, in welcher der österreichische Admiral Freiherr von Tegetthoff durch kühnes — es sei der Ausdruck gestattet — Sich-auf-den-Gegner-stürzen den Sieg davongetragen hatte, und weitverbreitet war die Ansicht unter den Seeoffizieren, daß der Sieg zu Wasser nur durch den Sporn und durch die überlegene Handhabung der Schiffe in der Mêlée zu erringen sei. Noch lange hat diese Ansicht bestanden, sie besteht vielleicht hier und da noch heute und sie mag auch ihre Begründung haben.

Von den Anhängern dieser Ansicht aber — und das war damals die Mehrzahl der Seeoffiziere — mußte der Torpedo mit größter Freude begrüßt werden, denn nun hatte man ja ein Mittel, um im Nahkampfe den Erfolg schnell erringen zu können.

So wurden denn selbst Schiffe von ehrwürdigstem Alter und altväterischer Konstruktion mit Torpedogeschützen ausgerüstet. Der Gedanke hat auch seine Berechtigung. Denn wenn namentlich die kleinen Marinen meinten, mit Hülfe der Torpedos die größten Flotten vernichten zu können, so kam es nur darauf an, an den Feind heranzukommen, und dazu waren allenfalls auch alte Schiffe zu gebrauchen.

Die Schnellladeartillerie und die erhöhte Geschwindigkeit der Schiffe haben mit diesen Ansichten aufgeräumt.

Trotzdem ist der Torpedo als Schiffsarmirung nicht verdrängt worden. Der Bugtorpedo erspart den Rammstoß, welcher in seiner Anlage, Ausführung und in seinen Folgen auch für das eigene Schiff ein gefährliches Unternehmen ist und bleibt, und die Breitseittorpedos sind und bleiben eine vorzügliche Gelegenheitswaffe.

Schon am Ende des dritten Kapitels war gesagt worden, daß die Chinesen vor der Schlacht am Yalu ihre Torpedos geborgen hätten. Der Gedanke, daß ein Torpedo durch einen Treffer zur Explosion gebracht werden könne und damit die Wirkung einer feindlichen Granate bis ins Ungeheure steigere, ist verblüffend. In Wirklichkeit verhält es sich damit nicht so schlimm, wie es scheint. Zunächst würde eine Explosion nur dann erfolgen, wenn die Pistole getroffen würde, denn die nasse Schießwolle des Kopfes explodirt nicht infolge des Treffens von Geschossen; dann brauchte man die Pistolen erst kurz vor dem Lanziren einzusetzen. Möglich, aber nicht unbedingte Nothwendigkeit ist auch eine Explosion des Luftkessels infolge unglücklicher Treffer. Bedenkt man aber, daß dieses nur die Folge einer treffenden Granate von großem Kaliber oder ihrer Sprengstücke sein kann, so kann es füglich nicht so sehr darauf ankommen, ob die Wirkung eines solchen Treffers durch einige umhergeschleuderte Torpedotheile noch unwesentlich erhöht wird.

Man brauchte also die Bedienungsmannschaften bis zum Lanziren nur in Deckungsstellung treten zu lassen. Die Befürchtungen der Chinesen waren daher nicht so begründet, daß damit das Aufgeben aller Chancen hinsichtlich der Torpedos gerechtfertigt erschiene.

Die Frage aber, ob das Lanziren überhaupt noch möglich sein wird, nachdem ein Artilleriekampf vorangegangen ist, führt dazu, die Ausstoßrohre zu decken, und das geschieht am besten, indem man sie unter Wasser legt. Daher erhalten neue Schiffe, wo der Platz es zuläßt, Unterwasserrohre. Ist dieses nicht möglich, so fällt darum die Torpedoarmirung keineswegs fort. Denn wenn ein kleines Schiff einem überlegenen Gegner nicht ausweichen kann, so ist ihm in seinen Torpedos doch immerhin noch wenigstens die Möglichkeit gegeben, dem Feinde zu schaden, vorausgesetzt, daß es schnell genug an den Gegner herankommen kann. Darum gehören Torpedo und Schiffsgeschwindigkeit zusammen, darum ist die Geschwindigkeit direkt eine Waffe, und aus dieser Konsequenz ist das Torpedoboot entstanden.

Während aber der Torpedo für Schiffe nur eine Gelegenheitswaffe ist, wird der Torpedo im Boote und durch dessen Taktik zur selbständigen Waffe.

Es darf hier indessen nicht verschwiegen werden, daß das moderne Torpedoboot keineswegs eine Folge des Whiteheadtorpedos allein ist. Die ersten modernen Torpedoboote wurden vielmehr für Schlepp- und Spierentorpedos gebaut.

Das Verdienst, die modernen Torpedoboote — man darf geradezu sagen — erfunden zu haben, gebührt dem englischen Ingenieur Thornycroft, dessen Werft in Chiswick (London) noch heute als eine der besten, wenn nicht als beste der englischen Bootsbauwerften gilt.

Mit seiner 1873 gebauten „Miranda" widerlegte Thornycroft die damals allgemein herrschende, aber irrige Ansicht, daß es unmöglich sei, kleinen Fahrzeugen dieselbe Geschwindigkeit wie großen zu geben. Die „Miranda" lief schon 16 Seemeilen pro Stunde. Leicht ist es auch nicht, dieselbe Geschwindigkeit für verschieden große Fahrzeuge zu erreichen.

Bei einer Geschwindigkeit von 20 Seemeilen gebraucht:

1	Dampfer	von	6000	Tonnen	Deplacement,	0,83	Pferdestärken	pro	Tonne
1	"	"	4187	"	"	2,38	"	"	"
1	"	"	165	"	"	9,49	"	"	"
1	"	"	40	"	"	15,40	"	"	"
1	Torpedo	"	0,27	"	"	88,30	"	"	"

Man ersieht aus dieser kleinen Tabelle, wie rapide die nothwendige Kraft für dieselbe Geschwindigkeit mit kleiner werdendem Deplacement steigt.

Ein ähnliches Verhältniß liegt vor bei zunehmender Geschwindigkeit desselben Bootes. So gebraucht beispielsweise das Boot von 165 Tonnen Deplacement, welches als drittes in der Reihe erscheint, bei einer Geschwindigkeit

von 12	Knoten	1,20	Pferdestärken	pro	Tonne
„ 14	„	1,89	„	„	„
„ 16	„	3,45	„	„	„
„ 18	„	6,03	„	„	„
„ 20	„	9,49	„	„	„

oder ungefähr dieselbe Steigerung der Maschinenleistung, um von 12 auf 16 Knoten zu kommen, wie von 16 auf 18. (Aus dieser Tabelle erhellt auch, warum eine Steigerung der Ausstoßladung bei den Unterwasserschießversuchen, s. S. 47, nur eine geringe Steigerung der Torpedogeschwindigkeit hatte und auch nur haben konnte, obgleich die Verhältnisse für Unterwassergeschosse und Fahrzeuge nicht dieselben, für erstere vermuthlich aber noch ungünstiger als für letztere sind.)

Im Jahre 1877 baute Thornycroft das erste Torpedoboot für die englische Marine. Das Boot hieß „Lightning“ und lief bereits 18 Seemeilen p. h.

Um dieselbe Zeit begann auch eine zweite englische Firma, Yarrow in Poplar den Bau von Booten. Mit der Entwickelung des Torpedowesens in den verschiedenen Staaten stieg die Nachfrage, und sehr bald folgten den englischen auch deutsche Firmen, von denen F. Schichau in Elbing als diejenige genannt zu werden verdient, deren Boote allen ausländischen ebenbürtig zur Seite stehen.

Die berühmteste französische Firma ist diejenige von A. Normand in Le Havre, und gegenwärtig werden auch in vielen anderen Staaten Torpedoboote gebaut.

Die Entwickelung der Torpedoboote hatte in den verschiedenen Marinen ihren verschiedenen Gang.

In England kam man sehr bald von dem Bau kleiner Boote zu Torpedoavisos und kehrte schließlich zum jetzigen Torpedobootszerstörer zurück, während eigentliche Torpedoboote der Aufgabe der

Flotte entsprechend nur eine geringere Rolle spielen. In Deutschland entwickelte sich das Torpedowesen rasch und ohne heftige Schwankungen. Solange der Flotte nur eine mehr defensive Rolle in heimischen Gewässern zugedacht war, genügten Boote von kleineren Abmessungen. Die Anforderungen an die Führung und Ausbildung führten aber ebenfalls zu einem größeren Boote, dem sogenannten Divisionsboote, welches dem Torpedobootszerstörer sehr ähnlich ist. Während aber der Torpedobootszerstörer gewissermaßen aus einem Kanonenboot entstanden ist und seine Hauptkraft neben seiner großen Geschwindigkeit in seinen Schnellladegeschützen liegt, ist das Divisionsboot nur ein vergrößertes Torpedoboot und wahrt den Charakter desselben.

So findet man auch fast überall zwei Klassen von Torpedobooten, je nachdem der Dienst auf hoher See oder nur die Küsten- und Hafenvertheidigung ihr Zweck ist.

Erwähnt mag noch sein, daß, wo ein grundsätzlicher Unterschied zwischen Hochsee- und Hafenvertheidigungsbooten nicht gemacht wird, die älteren Boote, weil für ersteren Zweck nicht mehr geeignet, ganz von selbst auf die nächste Stufe sinken und als Hafenvertheidigungsboote aufgebraucht werden.

Die Boote sind sich alle sehr ähnlich, und es genüge daher, wenn nachstehend die Beschreibung eines Hochseetorpedobootes gegeben und auf wesentliche Abweichungen größerer Boote aufmerksam gemacht wird.

Allgemeine Beschreibung eines Hochseetorpedobootes.

Aus bestem Stahl und im Verhältniß der Länge zur Breite von ungefähr 10 zu 1 gebaut, haben neuere Boote ein Deplacement von durchschnittlich 150 Tonnen (à 1000 kg).

Fig. 31 stellt Längsschnitt und Decksplan eines Bootes dar; ein bestimmtes Modell liegt der Zeichnung nicht zu Grunde.

Das Innere des Bootes ist in wasserdichte Abtheilungen getheilt. Die einzelnen Räume dienen folgenden Zwecken: Abtheilung a ist Kollisionsraum, b enthält das Bugruder, c ist Mannschaftsraum, d enthält die Kesselanlage, e die Maschine, f die Kammer für den Maschinisten, g ist Kajüte, h Unteroffiziersraum, i allgemeines Magazin.

Der Eingang zu den Abtheilungen a bis c liegt in dem vorderen Thurm, derjenige zu den Abtheilungen f und g im hinteren

Thurm; die übrigen Abtheilungen können von Deck aus erreicht werden.

Der Kollisionsraum a ist ein dauernd geschlossener, leerer Raum und soll verhindern, daß bei etwa vorkommenden Zusammenstößen größerer Schaden entstehe.

In dem Raume b liegt das Bugruder. Da Torpedoboote bei ihrer großen Länge mit nur einem gewöhnlichen Ruder am Heck einen zu großen Drehkreis haben würden, hat man sie außer diesem Ruder mit noch einem Bugruder ausgerüstet.

Letzteres besteht aus dem Ruderblatte r und der Spindel s, an welcher die Pinne p sitzt. Das Ruder kann vollständig in das Boot hinaufgezogen werden, wenn es nicht gebraucht werden soll. Beim Gebrauch ragt das Blatt unten aus dem Boote hervor, die Spindel ist dann hinuntergeschraubt und die Pinne ist mittelst der Leitung l mit dem Dampfsteuerapparat verbunden, der seinen Platz im vorderen Thurm hat. Dadurch können Bug- und Heckruder zugleich gelegt werden. Wenn die Boote ein Unterwasserbugrohr haben, so liegt das Bugruder seitwärts desselben. Die Einrichtung zum Lichten des Bugruders ist getroffen, weil letzteres sehr verletzlich ist und daher bei einer etwaigen Grundberührung des Bootes sich leicht verbiegen würde. Die Einrichtung gestattet aber, das Ruder in flachem Wasser zu bergen, ermöglicht ein schnelles Auswechseln und bietet den weiteren wesentlichen Vortheil, daß es sparsam ist. Auf Reisen, d. h. also wenn nicht manövrirt wird, steuert man ohne Bugruder, verringert damit die Widerstände und erzielt Kohlenersparniß.

Die nächste Abtheilung ist der Mannschaftsraum c. Er dient als Wohn- und Schlafraum für die Mannschaft, enthält die Küche und in einem abgeschotteten besonderen Raume das Wasserkloset, ferner die Luftpumpe und schließlich die Hauptsache, nämlich die Torpedos.

Die Abtheilung d enthält die Kesselanlage und die Kohlenbunker.

Die Kessel sind Lokomotivkessel, von denen meist nur einer vorhanden ist. Auf den neuesten Booten werden Wasserrohrkessel verwendet, von denen wiederum die von Thornycroft konstruirten die besten zu sein scheinen.

Bewährt haben sich aber auch andere Typen z. B. die Systeme Yarrow und Schultz. Nicht selten findet man zwei Kessel, von denen einer vor, der andere hinter der Maschine liegt. Diese Einrichtung bietet viele Vorzüge. Umgeben sind die Kessel von den Kohlenbunkern. Man achtet darauf, daß hierdurch ein möglichst großer Schutz vor feindlichem Feuer erreicht wird.

Eine Frage, welche hier wie manches Andere nur gestreift werden kann, da sie ein zu großes Gebiet umfaßt, ist das Heizen der Kessel mit Oel statt mit Kohlen. Für Torpedoboote ist diese Angelegenheit von höchster Bedeutung, allein schon deshalb, weil der Kohlenrauch beim Manövriren hinderlich ist, ein unbemerktes Annähern an den Feind aber oft zur Unmöglichkeit macht. Die Kohle ist ja überhaupt ein dem Seemann zwar unentbehrlicher, aber auch aufgedrungener Freund.

Die Maschine liegt in der Abtheilung e. Allgemein werden drei Cylinder verwendet, da hierbei die Manövrirfähigkeit die größte ist, indessen sind auch viercylindrige Maschinen mit dreifacher Expansion nicht selten, obgleich solche Maschinen sich nicht so schnell und leicht umsteuern lassen wie dreicylindrige.

Eine Frage von größter Bedeutung für Torpedoboote ist die Zahl der zu verwendenden Maschinen. Ohne Zweifel ist es für Torpedoboote günstiger, nur eine Maschine zu verwenden, zumal sich damit dieselbe Geschwindigkeit erreichen läßt wie mit zweien. Außerdem verlangt eine Maschine weniger Bedienungspersonal und damit weniger Aufsicht, kann stärker gebaut werden, gestattet eine bessere Verwendung der verfügbaren Raumes und schließt einen besseren Schutz der Schraube in sich. Trotzdem findet man schon sehr häufig zwei Maschinen. Der Grund hierfür ergiebt sich aus Folgendem:

Naturgemäß ist die Geschwindigkeit des Bootes abhängig in erster Linie von der Größe der treibenden Kraft, d. h. von den Pferdestärken, welche die Maschine indizirt. Die Pferdestärken sind wiederum ein Produkt aus Kolbenfläche, Druck und Zahl der Umdrehungen. Diese Zahl aber würde bei nur einer Maschine derart groß werden müssen, daß hierfür die Maschinentheile, trotzdem sie auf Torpedofahrzeugen verhältnißmäßig nur geringe Abmessungen haben, doch wieder zu groß und zu schwer sein würden, d. h. es würde ein Mißverhältniß entstehen zwischen dem Gewichte der bewegten Massen und der Art ihrer Bewegung. Die Maschinen würden also entweder, wenn leicht konstruirt, zu Bruche gehen, oder wenn stark genug konstruirt, die erforderliche Zahl der Umdrehungen und damit die erforderlichen Pferdestärken nicht erreichen.

Will man also eine gewisse Maschinenkraft erzielen, so muß man selbst für Torpedobootszerstörer und Torpedoboote zwei oder mehr Maschinen anwenden und damit die Nachtheile mit in den Kauf nehmen, welche sich aus den vorhin genannten Vortheilen nur einer Maschine von selbst ergeben.

Aber auch ein wesentlicher Vortheil liegt in der Verwendung mehrerer Maschinen, nämlich daß bei Havarien in der einen Maschine das Boot nicht gänzlich hülflos wird, sondern, wenn auch in beschränkter Weise, bewegungsfähig bleibt.

Welche Wichtigkeit die Umdrehungszahlen haben, mag daraus erhellen, daß die Maschinen der neueren englischen Torpedobootszerstörer mit fast 400 Umdrehungen pro Minute laufen und daß sie dabei bis zu 6000 Pferdestärken indiziren.*) Hierbei wird eine Geschwindigkeit von etwas über 30 Knoten erreicht, doch muß erwähnt werden, daß zum Gewinnen dieser hohen Zahlen die Probefahrten mit vollständig leeren Schiffen gemacht werden und daß die Fahrt, welche die Fahrzeuge späterhin mit voller Ausrüstung in der Front machen, um durchschnittlich 5 Knoten geringer ist.

In Deutschland ist dieses Verfahren nicht üblich; hier müssen die Probefahrten mit kriegsmäßiger Ausrüstung gemacht werden. Daher sind die deutschen Zahlen den ausländischen gegenüber nur scheinbar geringe.

Die neueste Zeit hat die Anwendung der Turbinen als Torpedobootsmaschinen gebracht. Angeblich sollen England und Rußland bereits größere Bestellungen von Torpedofahrzeugen mit Turbinenmotoren gemacht haben. Jedenfalls sind Versuche mit diesen Maschinen überall in Gang, und die Zeit wird es lehren, ob damit ein Fortschritt gemacht ist, oder ob die Neuerung ein Mißgriff war. Nicht zu verwechseln mit diesen Turbinenbooten sind die mit Hülfe der Reaktion getriebenen Fahrzeuge, welche ebenfalls häufig „Turbinen-

*) Der neueste, im Bau befindliche englische Torpedobootszerstörer „Expreß“ hat sogar 9250 Pferdestärken, also fast ebensoviel wie z. B. die deutschen Panzerschiffe der Brandenburg-Klasse. Die Geschwindigkeit des „Expreß“ soll 33 Seemeilen p. h. betragen.

dampfer“ genannt werden. Letzteres System kommt mit Vortheil nur bei Dampfrettungsbooten zur Anwendung.

Die Abtheilung f enthält eine Kammer für den Maschinisten, eine Toilette, eine Anrichte für den Kommandanten und dient zum Unterbringen der Munition für das Schnellladegeschütz, welches auf dem hinteren Thurm steht. In diesem Thurm steht auch das zweite Steuerrad, welches als Reserve dient. Durch den Thurm hindurch erfolgt auch der Zugang zu den Abtheilungen f und g, welch letztere die Kajüte bildet.

Die nächste Abtheilung h dient als Wohn- und Schlafraum für die Unteroffiziere; die letzte Abtheilung i ist allgemeines Magazin, in welchem auch die Hängematten der Leute untergebracht sind, wenn die Leute nicht schlafen.

Zum Feuerlöschen und zum Lenzen (d. h. Leerpumpen) sind Dampfspumpen und Ejektoren vorhanden. Die Dampfspumpen können auch durch Menschenkraft in Bewegung gesetzt werden.

Die Armirung der Boote besteht aus drei Ausstoßrohren, von denen eines fest eingebaut im Buge liegt, während die beiden anderen schwenkbar auf Deck aufgestellt sind. Im Ganzen sind drei oder vier Torpedos vorhanden. Die Artillerie ist mit einem Schnellladegeschütz leichten Kalibers vertreten, die Bewaffnung der Mannschaft besteht aus Revolver und Entermesser.

Zur sonstigen Ausrüstung des Bootes gehören: ein Anker mit Stahlleine, Leinen zum Schleppen und Geschlepptwerden, Kompasse, Logg, Loth, Seekarten, Fernrohre, nautische Instrumente, Schwimmwesten, Oelzeug, (d. s. Regenröcke und Regenhosen), Gummistiefel, Torpedo-, Artillerie- und Maschineninventarien, (wie Zielapparate und Werkzeuge mannigfacher Art), Küchengeräth, Eß- und Trinkgeschirr und das Material zum Instandhalten aller dieser und sonstiger Gegenstände, also Oel, Wischbaumwolle, Fett, Putzpomade, Wachs, Schmirgelpapier, Farben u. s. w.

Besondere Erwähnung verdienen ein Signalmast und das gesammte Signalgeräth und schließlich ein kleines Beiboot, welches, wenn nicht gebraucht, eingesetzt und am Geländer des Torpedoboots festgezurrt (festgebunden) wird.

Ein Divisionsboot unterscheidet sich von einem Torpedoboote durch größere Abmessungen; das Oberdeck ist mit einer Kommandobrücke versehen, unter der sich ein Kartenhaus und die Kombüse (Küche) befinden. Es sind zwei größere Beiboote vorhanden, und die Artilleriearmirung besteht aus drei oder mehr Schnellladegeschützen. Im Inneren des Bootes unterscheidet man zwei Mannschaftsräume vorne, und das Hinterschiff enthält neben der Kajüte für den Kommandanten eine Offiziers- und eine Deckoffiziersmesse. Die beigegebenen Illustrationen veranschaulichen eine Torpedobootsdivision und einzelne Boote. Es ist unschwer zu erkennen, welches das Divisionsboot ist und welches die Torpedoboote sind.

Achtes Kapitel.

Die Anforderungen an kriegsbrauchbare Torpedoboote und deren Besatzungen.

Es war bereits früher gezeigt worden, wie der Torpedo durch die Torpedoboote zur selbständigen Waffe wird und wie dieses bedingt wird durch die Geschwindigkeit der Boote.

Es ist die Geschwindigkeit nicht allein beim Angriffe erforderlich, sondern sie ist auch unbedingte Nothwendigkeit, damit die Boote im Stande sind, den Feind aufzusuchen und einzuholen, und damit sie sich seinem Feuer entziehen können.

Schließlich ist die Geschwindigkeit unerläßliches Erforderniß, damit die Boote ihren Dienst bei der Aufklärung und als Vorposten zu versehen im Stande sind.

Wird demnach die Geschwindigkeit als erste Lebensbedingung der Torpedoboote anerkannt, so müssen alle anderen Anforderungen vor ihr zurücktreten, und man begeht einen grundsätzlichen Fehler, wenn man, wie solches geschehen ist und merkwürdigerweise — freilich nicht in Deutschland — immer wieder geschieht, zu Ungunsten der Geschwindigkeit auf eine Panzerung von Torpedofahrzeugen sinnt.

Das Torpedoboot hat seine Stärke in seiner Offensivkraft und zwar fast nur in dieser allein, daher darf man diese Offensivkraft durch direkte Defensivmittel nicht schwächen und muß bei Berücksichtigung der sonstigen Anforderungen darauf bedacht sein, wie der Charakter des Torpedobootes möglichst gewahrt bleibt.

Da die Geschwindigkeit somit eine Waffe ist, trägt jede Beeinträchtigung der Schnelligkeit zum Abstumpfen der Waffe bei; Waffen aber müssen scharf geschliffen sein.

Ein gutes, bewährtes, deutsches Sprüchwort indessen sagt: „Allzuscharf macht schartig“, und das trifft auch bei Torpedobooten zu. Denn allerdings giebt es auch bei den Torpedobooten Anforderungen, die der größtmöglichen Schnelligkeit recht unbequem sind.

So ist es gleich die nächste Anforderung, die Kleinheit, welche, wie schon im vorigen Kapitel gezeigt, der Geschwindigkeit recht ungünstig ist. Nicht direkt darum, weil das kleinere Boot eine unverhältnißmäßig stärkere Maschine beansprucht, als vielmehr, weil diese mehr Kohlen verbraucht und damit den sogenannten Aktionsradius der Boote sehr verringert, und weil das kleinere Boot im Seegange seine Geschwindigkeit schneller und früher verliert wie ein größeres.

Hinsichtlich der Taktik aber sind bei gleicher Schnelligkeit kleine Boote den größeren vorzuziehen. Liegt schon in der Möglichkeit, dem feindlichen Feuer schnell zu entweichen, eine gewisse Defensivkraft, so ist es die Kleinheit der Boote fast allein, welche den übrigen Theil der Defensivkraft ausmacht. Je kleiner das Boot, desto leichter ist das unbemerkte Herankommen an den Feind, desto geringer die Zielfläche, desto geringer die Chance, durch feindliches Feuer vernichtet zu werden. Der Aktionsradius der Boote muß ein möglichst großer sein, denn es wird nicht immer die Gelegenheit da sein, von Neuem Kohlen nehmen zu können. Ohne Kohlen aber ist das Torpedoboot mehr wie jedes andere Kriegsschiff ein flügellahmer Streiter. Große Kohlenvorräthe wiegen wiederum viel; jedes Kilogramm Gewicht mehr bedeutet eine geringere Geschwindigkeit, und viele Kohlen lassen sich in einem kleinen Boote nicht unterbringen.

Je kleiner das Boot ist, desto größer ist seine Manövrirfähigkeit. In kurzem Bogen muß das Boot bei fliegender Fahrt abbiegen können. Das kann ein kleines und kurzes Boot besser wie ein großes und langes.

Dabei soll das Boot stabil sein, denn bei ungenügender Stabilität dürfte man derartige Manöver nicht wagen.

Stabilität nennt man das Bestreben eines Fahrzeuges, die aufrechte Lage wieder einzunehmen, nachdem es aus dieser Lage durch irgend welche Kräfte gebracht ist.

Man findet hierbei fast immer, daß von großer und geringer Stabilität gesprochen wird. Es wird damit aber nicht das Richtige getroffen, denn man sollte nur von einer ausreichenden oder genügenden und von einer nicht ausreichenden oder ungenügenden Stabilität reden.

Die Stabilität hängt ab von der Lage des Schwerpunktes eines Schiffes zu derjenigen des Schwerpunktes der verdrängten Wassermasse.

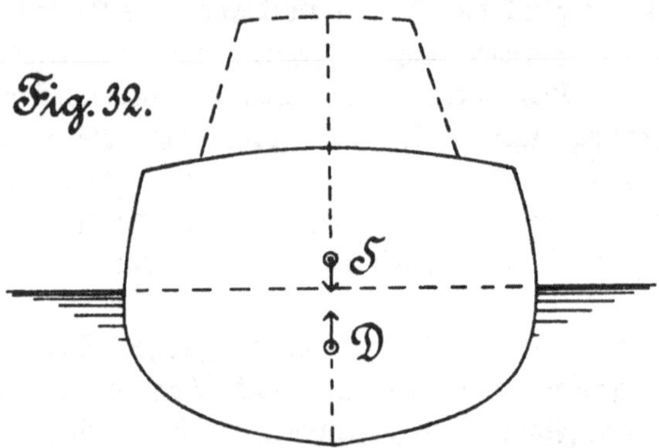

Fig. 32.

Fig. 32 stellt den Querschnitt durch das Hauptspant eines Torpedobootes dar. Es sei S der Schwerpunkt des Bootes, D der Schwerpunkt der durch das Boot verdrängten Wassermasse, also S der Systems-, D der Deplacementsschwerpunkt. Wird nun das

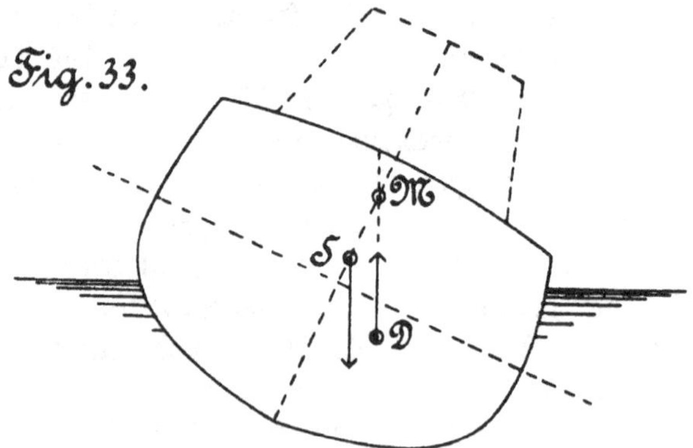

Fig. 33.

Boot nach einer Seite übergelegt (Fig. 33), so verändert D seine Lage entsprechend der Form des Bootes, während S seine Lage beibehält. Im Systemsschwerpunkte greifen die in der Richtung der Schwerkraft wirkenden Kräfte an, im Deplacementsschwerpunkte die tragenden, also die entgegengesetzt gerichteten Kräfte, d. h. der Auftrieb. Die Richtung der Kräfte ist mit Pfeilen angedeutet. Aus Fig. 33 ist zu ersehen, daß diese Kräfte so lange bestrebt sind, das Boot aufzurichten, als bei der Neigung z. B. nach rechts, wie es die Zeichnung andeutet, D weiter nach rechts liegt, wie S, oder allgemein gesprochen: es ist solange Stabilität vorhanden, als S innerhalb der Linie M D liegt, oder solange der Schnittpunkt der Vertikalen durch S mit der Symmetrieebene des Bootes unterhalb M liegt. Den Punkt M nennt man das Metacentrum und den Abstand M S die metacentrische Höhe.

Diese Entfernung ist eine sehr kleine und schwankt bei Torpedobooten verschiedener Konstruktion zwischen 40 und 70 Centimetern. (Auch bei den größten Schiffen ist dieser Werth meist nicht viel größer.) Es ist keineswegs empfehlenswerth, den Abstand M S zu vergrößern, was leicht zu erreichen wäre. Die Seeeigenschaften der Fahrzeuge würden dann sehr schlechte werden; letztere würden sich mit großer Heftigkeit wieder aufrichten, würden sehr schnell und sehr häufig schlingern (d. h. hin- und herschwanken) und den Aufenthalt an Bord unerträglich machen. (Infolge übermäßiger Stabilität, namentlich bei den ersten Panzerschiffen, denen man wegen des Seitenpanzers eine große metacentrische Höhe geben zu müssen meinte, schlingerten einige dieser Schiffe so heftig, daß die Masten brachen, an ein Bedienen der Geschütze aber gar nicht gedacht werden konnte.)

Die erforderliche Stabilität hängt also nicht von der Größe eines Fahrzeuges ab. Es sprechen bei der Seefähigkeit, die mit der Stabilität eng verwandt ist, aber noch eine Menge anderer Faktoren mit. Beim Torpedoboot kann es geschehen, daß aus Unerfahrenheit oder Unachtsamkeit, schließlich auch infolge unvorherzusehender Fälle, d. h. Havarien, eine ungünstige Beeinflussung der Stabilität stattfindet. Dieses kann z. B. geschehen, wenn sich sehr viel Wasser im Boot befindet, das sich nicht schnell genug entfernen läßt; das kann eintreten, wenn unvorsichtiger Weise ein Luk geöffnet wird und Sturzseen eindringen; das kann geschehen, wenn das Boot ein Leck erhält ꝛc. In diesen Fällen kann eintreten, was Fig. 34 zeigt. Hier ist S verschoben und außerhalb der Linie M D getreten; der Schnittpunkt M_1 liegt oberhalb des Metacentrums M und die beiden, unter normalen Verhältnissen aufrichtenden Kräfte, Schwere und Auftrieb, tragen jetzt vereint dazu bei, das Boot zu kentern (umzustürzen). Nicht diese Fälle allein können Unheil herbeiführen. Es giebt noch mehr Komplikationen, die zum Verderben führen können. Hierher gehört ein unsachgemäßer Gebrauch des Ruders, eine zu große Fahrt und schließlich die Beschaffenheit der See. In schwer rollender See, d. h. in der Brandung, passirt es sogar Rettungsbooten, daß sie vollständig umgedreht werden, d. h. kentern, diese Boote sind daher so gebaut, daß sie sich von selbst wieder aufrichten. In derartige See dürfen Torpedoboote nicht gerathen, denn dann hätten sie nicht genügende Wassertiefe und könnten stranden. Es ist also eine gewisse Tiefe des Fahrwassers Vorbedingung. Ist diese aber vorhanden, so bedarf es nur genügender Erfahrung des Personals um Unglücksfälle zu verhüten, wenn anders nicht Havarien hinzutreten, welche ganz aus der Welt zu schaffen schlechterdings nicht in Menschenhand liegt. Torpedoboote aber nach dem System der Rettungsboote zu erbauen ist ausgeschlossen, da die Linien der letzteren jede größere Geschwindigkeit ausschließen, nur auf Sicherheit berechnet und nur bei kleinen Booten anwendbar sind.

Fig. 34.

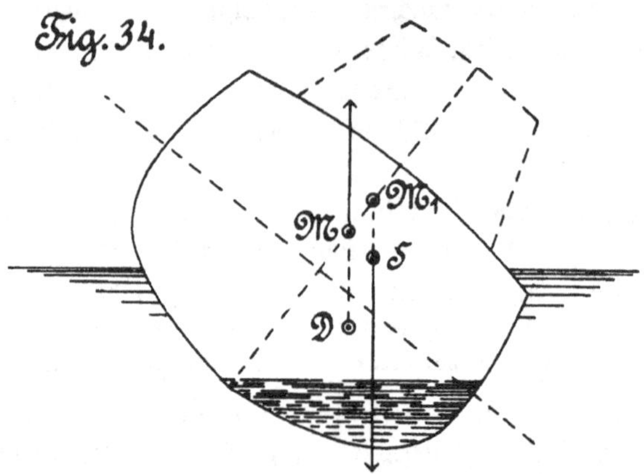

Naturgemäß kann ein kleines Boot leichter von der überstürzenden See vollständig überrollt werden wie ein größeres; Torpedoboote dürfen daher nicht zu klein sein, wenn sie die Eigenschaft haben sollen, die schon einmal genannt wurde, die Seefähigkeit. Es kommt nicht allein darauf an, daß die Boote bei jeder See schwimmen können, sie sollen auch bei jeder See fahren und womöglich manövriren können. Je kleiner und schneller die Boote dabei sind, desto besser. Sprachen hierbei schon die Kohlenvorräthe mit, so tritt nunmehr eine weitere Ueberlegung in ihr Recht. Es ist dieses die Rücksicht, welche man auf die Besatzungen zu nehmen hat. Je kleiner das Boot, desto unwohnlicher ist es, desto mehr ist die Mannschaft den Einflüssen von Wind und Wetter, der Schlaflosigkeit, schlechten Ernährung ꝛc., mit einem Worte der Erschöpfung ausgesetzt, desto früher wird es nothwendig, das Boot einen Hafen aufsuchen zu lassen, desto weniger ist es für den Ernstfall bereit. Es ist die Seeausdauer, welche eine gewisse Größe der Boote gebieterisch verlangt. Friedrich der Große sagte, daß eine Armee sich so schlüge, wie man sie ernähre. Es gilt das auch für Torpedobootsbesatzungen, nur möchte man hier noch hinzufügen, daß diese sich so schlagen werden, wie man sie ernährt hat und wie man sie hat ausruhen lassen, denn der Dienst stellt hohe Anforderungen. Die Besatzung von 16 bis 20 Köpfen geht in zwei Wachen, wobei außer den Maschinen auch noch die Torpedos nebst Luftpumpen bedient sein wollen. Man stelle sich schlechtes Wetter vor mit allen seinen Folgen, wie überstürzende Seen (Wellen), Nässe, Kälte, Schlaflosigkeit und last not least Seekrankheit, welche gelegentlich wieder die weitgefahrensten Seeleute befällt (man denke an das Schwanken des Bootes, das Schütteln der Maschine, an die durch Oeldunst und nasse Kleider verdorbene Luft in den engen Räumen), man denke an die Aufregung des Dienstes, wie Auslugen nach dem Feinde, Steuern, Signalisiren, Heizen, Feuerreinigen ꝛc., so wird es einleuchten, daß man allzulange die Boote nicht wird auf hoher See halten können, wenn man einer Uebermüdung vorbeugen will.

Um so erfreulicher ist es zu sehen, wie gern unsere Mannschaften an Bord von Torpedobooten gehen. Schon bei vielen Gelegenheiten hat es sich gezeigt, mit welchem Eifer die Leute dem schweren und gefahrvollen Dienste in Booten — z. B. während der Blockade der ostafrikanischen Küste — obliegen. Es mag zum Theile dem Umstande zuzuschreiben sein, daß eine strenge Etiquette sich nicht durchführen läßt, daß die Persönlichkeit des Einzelnen mehr in den Vordergrund tritt wie an Bord von Schiffen; gewiß ist, daß die Mannschaften sich wohl befinden. Freilich geschieht auch Alles, was möglich ist, um den Dienst erträglich und anregend zu machen; voller Abwechselung ist er jedenfalls. Es sind auch ausgesuchte, intelligente, tüchtige und kräftige Leute, welche den Dienst zu versehen haben, und ihre Ausbildung ist hervorragend. So herrscht unentwegt der beste Geist unter den Besatzungen, und selbst bei den anstrengendsten Manövern geht der Humor nicht aus. In prächtigem Wetteifer arbeiten die Besatzungen, und wie die Anerkennung im Frieden nicht ausgeblieben ist, so wird auch der Erfolg im Ernstfalle sich einstellen.

Für die Größe der Torpedoboote ist ferner maßgebend die Größe der Armirung. Das kleine Boot kann nicht so viele Torpedos mitführen wie das große, und es ist nicht bestimmbar, ob Ersatz für verschossene Torpedos immer zu haben sein wird.

Schließlich ist für die Konstruktion von Torpedobooten zu berücksichtigen eine möglichste Einfachheit der Bedienung.

Der Leser, welcher bis hierher gelangt ist, wird gesehen haben, wie vielseitig die Ausbildung der Besatzungen sein muß. Nicht allein daß jeder Matrose der Besatzung die gewöhnlichen seemännischen Vorrichtungen wie Steuern, Rudern, Lothen u. s. w. aus dem Grunde verstehen muß, er muß auch die Behandlung der Torpedos zum Theil verstehen, muß mit dem Schnellladegeschütz umgehen, den Revolver handhaben und signalisiren können, er muß kochen und sein Boot, seine Waffen und Kleider unter schwierigsten Verhältnissen in Ordnung zu halten verstehen, er muß körperlich und geistig gewandt sein ... kurz, er muß den höchsten Anforderungen genügen. Nicht minder gilt das vom Maschinenpersonal, welchem außer dem Bedienen von Maschinen und Kesseln die Behandlung der Torpedos obliegt, Apparaten, welche im kleinsten Rahmen die größtmöglichen Kräfte bergen.

Was hier von den Mannschaften gesagt ist, gilt in erhöhtem Maße von den Vorgesetzten, denen die Verantwortung über das kostbare Menschen- und Kriegsmaterial, die Handhabung und Führung der Boote, die Ausbildung und Anleitung der Besatzung obliegt.

Schwer sind schon im Frieden der Dienst und die Verantwortung, hoch sind die Ansprüche an Körper und Geist, spärlich sind bei dem rastlosen Streben nach Vervollkommnung die Stunden der Muße und Erholung, aber herrlich ist das Bewußtsein treu erfüllter Pflicht, erhebend das Bewußtsein des eigenen Werthes, wohlthuend die Anerkennung und berückend die Aussicht auf durchschlagenden Erfolg! —

Neuntes Kapitel.

Die Kampfesweise der Torpedoboote.

Es ist schon früher der Ausspruch eines großen Feldherrn angeführt worden, ein Ausspruch, welcher lautet: „Der Lorbeerkranz des Sieges hängt an der Spitze des Bajonetts“. In dem historischen Theile dieses kleinen Werkes und auch an anderen Stellen ist es gezeigt und des Oefteren wiederholt worden, daß der Nahkampf das eigentliche Element des Torpedos ist. Einer Erklärung bedarf das eigentlich nicht. Wenn trotzdem bei diesem Umstande länger verweilt wird, so geschieht dies, um hervorzuheben, wie die Entscheidung durch den Nahkampf schnell herbeigeführt werden kann; es geschieht, um den Werth des Nahkampfes hervorzuheben.

Torpedoboote müssen an den Feind heran, wenn sie ihn bekämpfen und besiegen wollen, dicht heran bis auf die beste Schußdistanz ihrer Torpedos.

Die einfachste Ueberlegung führt dazu, daß dieses Herangehen an den Feind am zweckmäßigsten in der Nacht zu bewerkstelligen sein wird.

So zeigt denn auch die Geschichte, daß die weitaus meisten Torpedobootsangriffe im Zwielicht oder bei voller Dunkelheit stattgefunden haben.

Es dürfte aber verkehrt sein, zu glauben, daß nicht auch die Torpedoboote eine Art Einleitung zum Nahkampfe haben.

Freilich fehlt hier ein Eröffnen des Feuers auf große Entfernungen. Das Mürbemachen des Feindes geschieht eben aus noch größerer wie der Maximalschußentfernung der Geschütze, es wird durch unausgesetztes Beunruhigen des Feindes bewirkt.

Wie aufreibend der durch die Anwesenheit von Torpedobooten hervorgerufene Zustand fortwährender Bereitschaft ist, geht aus den Berichten von Seeoffizieren von der Zeit des amerikanischen Bürgerkrieges an hervor und ist eine aus Manövern bekannte Thatsache.

Torpedoboote müssen daher bestrebt sein, den Feind entweder mürbe zu machen und anzugreifen, sobald ein Nachlassen seiner Fähigkeit zum Wachen erwartet werden kann, oder sie müssen vollständig überraschend auftreten. Erste Vorbedingung ist das Finden des Feindes, und sind in dieser Beziehung namentlich in Frankreich die scharfsinnigsten Berechnungen angestellt worden. Man hat sich indessen in diesem Lande bei den stets bereitwilligst zur Verfügung gestellten reichen Mitteln auf die einfachste Weise durch Errichtung der défense mobile zu helfen gewußt. Theorien allein sind auch nicht zuverlässig genug.

Es sind längs der gesammten Küste Torpedoboots- und Signalstationen errichtet. Es wird daher ein Feind, von welcher Seite er auch kommen mag, stets Torpedobootsangriffe zu erwarten und demnach einen schweren Stand haben.

Die Torpedoboote der défense mobile können in kürzester Zeit kriegsbereit gemacht werden, ein Stamm von Offizieren und Mannschaften ist dauernd vorhanden, und mit großer Gewissenhaftigkeit werden Schieß- und Fahrübungen in regelmäßig wiederkehrenden Zeitabschnitten ausgeführt.

Je nach ihrer strategischen Wichtigkeit sind die Stationen mit mehr oder weniger Torpedobooten besetzt, niemals aber findet man ein einzelnes Torpedoboot.

Es ist hieraus ersichtlich, daß Torpedoboote stets in der Mehrzahl auftreten sollen, es ist ferner ersichtlich, daß Torpedoboote eines Stützpunktes bedürfen, und aus dem engen Zusammenhange von Signal- und Torpedobootsstationen sowie aus der großen Zahl derselben ist ersichtlich, daß man den Torpedobooten ein Suchen des Feindes möglichst erleichtern und daß man einen Erfolg rasch herbeiführen will.

Am deutlichsten aber zeigt diese Einrichtung, welche auch in anderen Staaten, z. B Italien und Rußland, nachgeahmt worden ist, wie Torpedoboote, trotzdem sie eine Angriffswaffe par excellence darstellen, in Wirklichkeit nur der Defensive zu dienen bestimmt sind, dieser aber dafür auch einen höchst offensiven Charakter verleihen.

In England legt man scheinbar weniger Werth auf Torpedoboote. Hier sind es die Torpedobootszerstörer, welche die Hauptrolle spielen, indessen gehört dieses Thema zum Inhalte des nächsten Kapitels. England hat auch weniger Veranlassung, sich mit Torpedobooten zu beschäftigen, wie andere Staaten. Vermöge seiner gewaltigen Flotte ist dieses glückliche Land in der beneidenswerthen Lage, den Krieg an die fremden Küsten verlegen zu können. Mit Torpedobooten kann man jedoch die Seeherrschaft nicht behaupten.

Sollten aber wirklich im Laufe eines Krieges die englischen Küsten bedroht werden, so ist das Land wieder in der nicht minder beneidenswerthen Lage, mit Hülfe seiner unzähligen Werften und seiner hochentwickelten Industrie in kürzester Zeit Torpedoboote in jeder beliebigen Zahl zu erbauen. Das Land darf sich auch in dieser Beziehung nicht mit Unrecht merry old England nennen.

Der Angriff von Torpedobooten an sich ist nicht so einfach, wie es scheinen mag. Es war schon gesagt worden, daß stets mehrere Boote angreifen müssen und daß die Nacht ihr bester Verbündeter ist.

Abgesehen von den Abwehrmitteln des Angegriffenen giebt es hierbei noch mannigfache Schwierigkeiten zu überwinden.

Sind die Nacht und ein ungewisses Licht der unbemerkten Annäherung dienlich, so erschweren sie andererseits das eigene Manöver d. h. das Zusammenwirken der Boote, sie machen ein genaues Schätzen der Entfernung und ein Zielen wenn nicht unmöglich, so doch recht schwer, sie beeinflussen das richtige Erkennen der Fahrt und der Fahrtrichtung des Gegners, oder des etwa herrschenden Stromes, ganz abgesehen davon, daß sie das Finden des Gegners überhaupt in Frage stellen können.

Denn es muß gleich hier gesagt werden, daß ein Hauptmittel zur Vereitelung von Torpedobootsangriffen darin besteht, daß die Schiffe vollständig abblenden, d. h. daß sie nicht das geringste Licht sehen lassen.

Hat der führende Offizier der Boote genaue Kenntniß von der Stellung seines Gegners und der Zahl seiner Schiffe, so wird nach bestimmten, hier nicht zu erörternden Regeln der Angriff angesetzt.

Es ist von höchstem Werthe, zu wissen, ob der Gegner in Fahrt ist, oder ob er zu Anker liegt, und welcher Strom herrscht, wenn Letzteres der Fall ist.

Die Boote werden gefechtsbereit, die Torpedos schußfertig gemacht, jedes Licht wird gelöscht, jedes Geräusch vermieden, Kessel und Maschinen sind bereit zum Aufnehmen äußerster Fahrt, der Kommandant steht beim vorderen Thurm in unmittelbarer Nähe des Ruders und des vordersten Ausstoßrohres, die Rohrmeister sind bereit zum Lanziren der anderen Torpedos, das Schnellladegeschütz ist schußfertig, Niedergänge, Luken und Thüren sind zugemacht, und entschlossen geht es durch die Dunkelheit gegen den Feind.

Ob anfänglich langsam und dann erst mit Aufbietung äußerster Kraft gefahren wird, oder ob Letzteres von Anfang an geschieht, hängt von verschiedenen Umständen ab. Es wird dies von der Angriffsrichtung, welche der kommandirende Offizier wählt, und von der Entfernung des Gegners bedingt. Die Wahl der Angriffsrichtung ist von höchstem Einfluß.

Befindet sich der Gegner in Fahrt, so gewährt ein Angriff von vorn die schnellste Annäherung, denn dann nähern sich Freund und Feind mit der Summe ihrer Geschwindigkeiten; ein Angriff mit der Fahrtrichtung des Gegners erschwert die Annäherung, denn dann nähern sich Angreifer und Angegriffener mit der Differenz ihrer Geschwindigkeiten.

Die Richtung des Angriffes ist auch von hohem Einfluß auf das Abkommen mit den Torpedos; auch ist es nicht gleichgültig, unter welchem Winkel letztere ihr Ziel erreichen. Bilden die Fahrtrichtung des Gegners und die Laufrichtung der Torpedos rechte Winkel, so sind die Aussichten auf Treffen und Detoniren der Torpedos die größten. Bei zu spitzem Auftreffwinkel kann es vorkommen, daß die Torpedos, ohne Schaden anzurichten, abgleiten, ganz abgesehen davon, daß bei spitzem oder flachem Winkel zwischen Kiel und Schußrichtung der Torpedos die Zielfläche sich verringert. Mit höchster Fahrt stürmen die Boote auf den Gegner, sobald sie ihn erkannt haben, und Aufgabe der Offiziere ist es, die Entfernung richtig zu schätzen, den Angriff so anzusetzen, daß möglichst alle Rohre zum Schuß und daß die Boote untereinander sich nicht in den Weg kommen.

Die höchste Fahrt muß aufgenommen werden, sobald der Gegner das Feuer eröffnet.

Es ist einleuchtend, daß die Fertigkeit, derartige Angriffe fehlerfrei anzusetzen und auszuführen, sich nicht von heute auf morgen erlernen läßt, daß vielmehr die Meisterschaft, wo nicht Genialität ein Erlernen überflüssig macht, nur durch unausgesetzte Uebung unter Anspannung aller Kräfte, nur bei genauester Ortskenntniß bei voller Hingabe an die Sache und nur von Seeleuten erster Klasse zu erlangen ist. Es ist einleuchtend, daß ein Gelingen von Torpedobootsangriffen nur zu erwarten ist bei kaltblütigen, energischen, umsichtigen und tüchtigen Führern, bei willigen, disziplinirten, unerschrockenen

und intelligenten Besatzungen, bei vollster Uebereinstimmung, bei gewissenhaftester Ausbildung, bei Darangabe aller Geistes- und Körperkräfte, bei einer Elitetruppe und bei tadellosem Kriegsmateriale.

Angesichts der Schwierigkeit der Aufgaben darf es nicht überraschen, wenn hier und da während der Uebungen zur Erlangung der weiter oben genannten Meisterschaft eine Beschädigung, ja selbst der Verlust von Booten vorkommt. Ja man möchte fast geneigt sein, zu glauben, daß da, wo gar keine Zusammenstöße 2c. sich ereignen, die Ausbildung für den Ernstfall nicht mit dem nöthigen Nachdruck betrieben wird. Jedenfalls wäre es ein gewaltiger Irrthum, aus vorgekommenen Havarien und Verlusten ohne Weiteres auf mangelhaftes Personal und Material zu schließen. Jede Erfahrung will erkauft sein, und erfolgt die Bezahlung nicht sichtbar durch auffälligen Verbrauch von Material, so erfolgt sie durch Aufbrauch von Menschenkräften, d. h. von den die Ausbildung leitenden Offizieren. Bis zu welcher Höhe die Ausbildung auch des Unterpersonals getrieben werden muß, wird erhellen, wenn man bedenkt, daß die Unteroffiziere befähigt sein müssen, den Offizier, wenn dieser fehlt, zeitweilig zu ersetzen.

Ueber die Taktik der Torpedoboote bei Nachtangriffen ließe sich noch Vieles sagen, es erscheint dies aber nicht angezeigt und würde den Rahmen dieser Arbeit überschreiten.

Erwähnt mag indessen noch sein, daß nicht die Ausführung von Nachtangriffen allein die Aufgabe der Torpedoboote ist. Zu ihren Obliegenheiten gehören noch der Aufklärungs- und der Vorpostendienst, die Sicherung der Flotte auf dem Marsche, der Nachrichten- und Depeschendienst und Anderes mehr, das sich ebenfalls der Darlegung in diesem Buche entzieht. Es sind das Aufgaben, welche den Torpedobooten dann und darum übertragen werden, wenn und weil andere geeignete Fahrzeuge, wie Aufklärungsschiffe, Avisos oder kleine Kreuzer, nicht zur Verfügung stehen. Hinsichtlich der Taktik interessiren diese Zweige der Kriegführung zur See an dieser Stelle auch nur darum, weil die Boote bei diesen Gelegenheiten leicht in einen Tagkampf verwickelt werden können.

Nach dem, was aus fremden Marinen hierüber bekannt geworden ist — denn die taktischen werden mit Recht fast mehr als die militärisch-technischen Errungenschaften geheim gehalten —, scheint es, als ob eine Verwendung von Booten bei Tageslicht nicht beabsichtigt sei. Es ist das auch ganz natürlich, wenn für jeden Zweck geeignete Schiffe in genügender Zahl vorhanden sind. Ist dem aber nicht so, dann müssen Torpedoboote auch dazu bereit sein, diesen Dienst zu übernehmen und am Tage zu kämpfen.

Es ist nicht mehr wie natürlich, daß die Boote dabei jede Deckung dann suchen werden, wenn eine solche vorhanden ist, und so lange darin verbleiben werden, bis sie zum eigentlichen Angriffe vorgehen müssen. Sind Schiffe der eigenen Flotte zugegen, so bilden diese den Schutz der Boote, ja letztere werden sogar versuchen, den Pulverrauch der eigenen Schiffe als Deckung zu benutzen.

Um die Torpedoboote indessen nicht lediglich auf die Offensive zu beschränken und um ihnen auch für sonstige Zwecke und Gelegenheiten eine Handhabe zu geben, sind sie mit einem leichten Schnellladegeschütz versehen. Ein Geschütz allein stellt zwar keine große Wehrkraft dar, viele Boote zusammen repräsentiren indessen immerhin eine leichte Batterie, und es ist schon denkbar, daß bei ruhigem Wetter, wenn das Zielen möglich ist, eine gewisse Zahl von Booten einem leichten Aviso oder Torpedobootszerstörer mittelst der Artillerie Stand zu bieten wagen darf. Die Boote haben das größere Ziel vor sich, bieten selbst aber das kleinere. Freilich ist das Treffen vom Boote aus sehr schwer und verlangt einen Grad der Ausbildung, welchen man direkt als Künstlerschaft bezeichnen kann. Wenn man aber auch von einer Kriegskunst im Allgemeinen sprechen darf, so wird doch eine Waffe, deren Handhabung die Künstlerschaft verlangt, im Allgemeinen versagen.

Treffen Torpedoboote mit überlegenen Streitkräften zusammen, so müssen sie, wenn dieses noch möglich, sich dem feindlichen Feuer entziehen. Von welcher Bedeutung es für Torpedobootskommandanten ist, jedes Fahrwasser der Küste zu kennen, wird hierbei sofort klar. Diese Fahrwasser bilden nicht allein Schlupfwinkel, sondern auch Ausfallthore. Ist der überlegene Gegner nur ein Schiff oder sind es nur wenige Schiffe, so können sie versuchen, ihre Schädigung dadurch nach Möglichkeit zu verringern, daß sie sich nach verschiedenen Richtungen zerstreuen. Empfiehlt sich auch dieses nicht, dann gilt nur die Parole: „Gott mit uns — drauf!“ — Audaces fortuna adjuvat!

Vierter Abschnitt.

Die Abwehr der Torpedos.

Zehntes Kapitel.

Passive Abwehrmittel.

Es hat merkwürdig lange gedauert, bis man Mittel zur Abwehr der Torpedos fand.

Der Grund lag wohl darin, daß man einfachen Defensivmitteln wenig Bedeutung zumessen durfte, und thatsächlich haben alle die Abwehrmittel, welche als passive bezeichnet werden müssen und die nachstehend genannt werden sollen, ihre bedenklichen Nachtheile.

Man konstruirte Sperren verschiedenster Art, die schnell ausgelegt und schnell wieder geborgen werden konnten und die den Torpedobooten die Annäherung erschweren oder unmöglich machen sollten; das Unangenehme aber dabei ist, daß eine Flottenabtheilung, die sich mit einer Sperre umgiebt, sich selbst ihre Bewegungsfreiheit kürzt. Sperren müssen bewacht werden. Daraus entsteht wieder die Schwierigkeit, daß im Falle eines Angriffes von Torpedobooten sich an der Sperre selbst ein Kampf zwischen den angreifenden und den Wachtbooten entwickeln wird. Die Schiffe aber können im Dunkel der Nacht Freund und Feind nicht unterscheiden, sind mithin zur Unthätigkeit gezwungen. Ganz abgesehen ist hierbei davon, daß schon die Wachtboote allein gelegentlich für den Feind gehalten und beschossen werden können.

Zweifellos können Sperren von Vortheil sein. Eine Sperre ohne Wachtboote aber hat wenig Zweck, denn welches Hinderniß allein wäre unüberwindlich?

Ein sehr nahe liegendes Abwehrmittel ist das bereits früher genannte Abblenden der Schiffe. Thatsächlich ist es außerordentlich schwer, abgeblendete Schiffe zu finden, noch schwerer, abgeblendete Schiffe zu beschießen, und die Folge hiervon ist, daß man nicht so gar selten der Meinung begegnet, die Scheinwerfer wären überhaupt vom Uebel. Die Scheinwerfer müssen aber zu den aktiven Abwehrmitteln gerechnet werden, und ihre Besprechung gehört in das folgende Kapitel.

Das Abblenden der Schiffe ist mithin ein sehr wirksames Mittel gegen den Torpedo, es genügt aber nicht, denn der Feind kann die Position eines Schiffes oder Geschwaders bei Tageslicht festgestellt haben, und es giebt auch helle Nächte.

Man hat daher ein weiteres Mittel, die Torpedoschutznetze, angewendet. Letztere bestehen aus aneinandergefügten Drahtringen und sollen, durch Spieren gehalten, die Seiten des damit ausgerüsteten Schiffes decken.

Das Ausbringen und Fortnehmen der Netze ist zwar unter gewöhnlichen Umständen kein sonderlich schwieriges Manöver, es kann aber ein zum Mindesten sehr langwieriges werden, wenn die Umstände nicht normal sind, wenn Schnee und Eis, Dunkelheit und Regen, Sturm und Strom, vor Allem aber, wenn der rührige Feind — und mit einem solchen muß man rechnen — die Bedienung erschweren, wenn das Tauwerk in Unordnung gerathen oder brechen, wenn die eigenen Besatzungen nicht geübt genug sein, wenn infolge gebotener Eile eine Ueberhastung eintreten, wenn Theile des Netzes in die Schrauben gerathen sollten.

Beim Nichtgebrauche liegen die Netze in Kästen oder Rahmen, welche sich zu beiden Seiten des Schiffes über fast dessen ganze Länge erstrecken. Die dazugehörigen Spieren sind an die Bordwand des Schiffes herangeklappt. Zum Ausbringen der Netze gehört zunächst ein Aufhissen derselben, denn sie sind sehr schwer und können nicht einfach über Bord geworfen werden. Dann werden die Netze soweit heruntergelassen, daß der obere Rand an den Spieren befestigt werden kann. Ist dieses geschehen, so werden die Spieren mittelst starker Flaschenzüge ausgeschwungen, so daß sie senkrecht von der Bordwand abstehen.

Zum Bergen gehören die entgegengesetzten Vorrichtungen in umgekehrter Reihenfolge. Es wird selbst dem Nichtseemann einleuchten, daß hierzu ein ziemlich umfangreicher Apparat und die Aufbietung der Kräfte der gesammten Besatzung gehören. Es wird einleuchten, daß, solange die Spieren nicht ausgeschwungen sind, solange also die Netze dicht neben der Bordwand ins Wasser herabhängen, sie den Schrauben sehr nahe liegen, diese daher nicht drehen dürfen. Man kann also die Netze nur bei gestoppten Maschinen und zu Anker ausbringen und bergen (fortnehmen). Die Netze sind daher mehr wie Sperren ein Feind der freien Bewegung der Schiffe.

Es war schon gesagt, daß die Netze sehr schwer sind. Sie sind aber auch sehr theuer, und ihre Konservirung erfordert fortwährende Aufmerksamkeit, viel Zeit und viel Arbeit. Andererseits sind die Netze der Witterung und dem Naßwerden durch Seewasser ausgesetzt und verlieren, wenn sie zu rosten beginnen, bedeutend an Haltbarkeit.

Sind dieses Nachtheile, welchen durch Aufmerksamkeit, Geschicklichkeit, Kaltblütigkeit und stete Uebung begegnet werden kann, so haben die Netze doch zwei weitere Fehler, welche nicht abstellbar erscheinen. Ein starker Strom nämlich treibt die Netze so auf, daß sie nicht mehr tief genug herabreichen, ein Torpedo also unter ihnen hindurchlaufend das Schiff doch treffen kann.

Halten gute Netze unter normalen Umständen aber auch wirklich einen Torpedo auf, so hat man bislang doch noch keine Netze herstellen können, welche den Netzscheren zu widerstehen vermöchten.

Es waren kaum die Netze erdacht und eingeführt, so waren es auch schon die Netzscheren. Dieses sind Apparate, welche, auf die Torpedos aufgesetzt, das Netz schneiden und ihrem Träger freie Bahn machen.

Die Konstruktion der Netzscheren wird in allen Marinen geheim gehalten.

Trotz der genannten Mängel giebt es, namentlich in England, begeisterte Verehrer der Netze, und letztere haben sich bislang nicht gänzlich verdrängen lassen.

Auch sind Fälle denkbar, wo sie von hohem Werthe sein können.

Es erübrigt, noch derjenigen Maßnahmen Erwähnung zu thun, welche hinsichtlich der Widerstandsfähigkeit der Schiffsböden getroffen worden sind.

Während Kriegsschiffe älterer Konstruktion nur mit Doppelboden, einfachen Wallgängen, einer nicht gar zu großen Zahl wasserdichter Querschotte und einem sehr einfachen Pumpensystem versehen waren, hat die neuere Zeit aus der Konstruktion und Behandlung der hierher gehörigen Vorrichtungen eine vollständige Wissenschaft gemacht. In Italien ist man bei einigen Schiffen so weit gegangen, zwei hohle Schiffsböden übereinander zu bauen. Es giebt also bei diesen Schiffen nicht eine Außen- und eine Innenhaut, sondern es sind drei Beplattungen vorhanden.

6*

Es bleibe dahingestellt, ob diese Einrichtung praktisch ist oder nicht. In anderen Marinen ist man jedenfalls bei dem einfachen Doppelboden geblieben, nur ist die Zahl der Abtheilungen in den Doppelböden sehr gestiegen. Ueberall wird aber Werth darauf gelegt, daß möglichst viele Quer- und Längsschotte vorhanden sind, und daß Kohlenbunker, Munitionsräume u. s. w. gleichzeitig wasserdichte Abtheilungen vorstellen.

Da ein Schiff bedeutende Schlagseite*) erhalten würde, wenn es an der Seite leck geschlagen wird und das eindringende Wasser nur bis an die nächste Längswand strömen kann, so sind, z. B. bei einigen französischen Schiffen, Einrichtungen vorhanden, welche ein selbstthätiges, natürliches Uebertreten des Wassers auch nach der entgegengesetzten, unverletzten Seite des Schiffes gestatten, oder es sind — und das ist die allgemein übliche Bauart — Drainagerohre vorgesehen, welche es ermöglichen, die aufrechte Lage des Schiffes durch künstliches Einströmenlassen von Wasser wieder zu erreichen. Die aufrechte Lage des Schiffes ist aber für das Bedienen der Geschütze und für die Stabilität von Bedeutung.

Es giebt also nicht allein Mittel, um eingedrungenes Wasser zu entfernen, sondern auch solche, um Wasser absichtlich eindringen zu lassen.

Vielleicht ist es angebracht, an dieser Stelle der oft anzutreffenden falschen Annahme zu begegnen, als ob es möglich wäre, lecke Schiffsabtheilungen durch fortgesetztes Pumpen leer zu halten. Dieses liegt nur dann im Bereiche der Möglichkeit, wenn der Querschnitt des Saugerohres der Pumpe oder die Summe der Querschnitte der Pumpensaugrohre größer ist als das vorhandene Leck. Sind beide Größen einander gleich, so strömt durch das Leck ebensoviel Wasser ein, wie die Pumpen fortschaffen, der Wasserstand in der lecken Abtheilung bleibt mithin derselbe. Ist das Leck aber größer, so muß sich die lecke Abtheilung mit Wasser füllen.

In vielen Marinen werden Uebungen gemacht, um entstandene Lecke durch Vorlegen von eigens hierzu konstruirten Matten zu stopfen. In allen Ernstfällen haben diese Matten bislang aber versagt. Um die Schwimmfähigkeit der Schiffe zu erhöhen, sind Konstrukteure und

---

*) Schlagseite bedeutet das dauernde Ueberliegen nach einer Seite.

Erfinder eifrig thätig. Die Zahl der Vorschläge für selbstschließende wasserdichte Thüren und Luken, von Stoffen, die sich im Wasser ausdehnen oder einen anderen Aggregatzustand annehmen und das Wasser verdrängen oder das Leck schließen sollen, von Warnungssignalen u. s. w. ist Legion und vergrößert sich unausgesetzt.

Man muß eine geeignete Konstruktion der Schiffe als bestes passives Abwehrmittel bezeichnen. Wennschon es nicht sehr wahrscheinlich ist, daß selbst ein modernes Schiff mit einer vom Torpedo hervorgebrachten Verletzung noch lange gefechtsfähig sein wird, so ist es andererseits doch ausgeschlossen, daß ein einziger Torpedo ein Schiff neuer und neuester Bauart zum Sinken bringt, es müßte denn sein, daß an Bord dieses Schiffes die wasserdichten Thüren, Schotte und Luks, Drainage- und Pumpensysteme nicht in der Verfassung sich befinden oder nicht so bedient werden, wie solches bei guter Disziplin und erfahrenem Personale zu erwarten und natürlich ist.

Elftes Kapitel.

Aktive Abwehrmittel.

Kommen die passiven Abwehrmittel, Sperren und Netze, fast nur für zu Anker liegende Schiffe in Betracht, so erhält die Vertheidigung gegen Torpedobootsangriffe sofort ein anderes Gesicht bei in Bewegung befindlichem Schiffe oder Geschwader.

Und nicht dieses allein erhöht die Chancen des Angegriffenen; nein, jede Handlung bringt das mit sich.

Geht ein Geschwader für die Nacht nicht zu Anker, sondern setzt sich vielmehr in Bewegung, so ist die Arbeit den Torpedobooten sehr erschwert. Es ist allerdings die Frage, ob ein Geschwader auch immer wird Anker lichten können. Hier sprechen viele andere Rücksichten mit, deren Darlegung nicht hierhergehört.

Als erstes aktives Abwehrmittel sei daher die Taktik genannt. Taktik aber ist Bewegung.

Jetzt müssen die Torpedoboote den Feind erst suchen. Haben sie ihn gefunden, so können sie doch die Angriffsrichtung nicht frei wählen, sondern müssen meist angreifen, wie die Gelegenheit sich bietet, Abkommen und Treffen sind schwieriger, denn ein gutgeschultes Geschwader kann auch in Bewegung abgeblendet fahren. Der Angegriffene kann dem Angriffe ausweichen und selbst zum Angriffe und zur Verfolgung übergehen.

Dagegen muß er seine Aufmerksamkeit auch auf Alles lenken, was mit der Navigirung zusammenhängt, und das Schießen mit Geschützen ist ebenfalls weniger aussichtsvoll vom fahrenden als vom stillliegenden Schiffe aus.

Das Hauptabwehrmittel aber ist das soeben schon genannte Schießen, und hier sind es wieder die Schnellladegeschütze und Maschinengewehre, welche, aktiv gehandhabt, der Torpedoboote schlimmste Feinde sind.

War man bis vor Einführung der Schnellladekanonen noch hier und da der Hoffnung, die See den großen Schiffen mit Hülfe der Torpedofahrzeuge streitig machen zu können, so haben die Schnellladegeschütze und Maschinengewehre diese Hoffnung in Wirklichkeit wohl schon zu Grabe getragen, wennschon Torpedofanatiker hiervon sich auch jetzt noch nicht überzeugen lassen wollen.

Es soll hiermit aber nicht etwa gesagt sein, daß nunmehr die Torpedofahrzeuge überflüssig geworden seien. Mit nichten! Denn Schießen bedeutet noch lange nicht Treffen und Treffen noch keineswegs Vernichten. Zu Anfang des neunten Kapitels war gesagt worden, wie aufreibend das Bewußtsein wäre, feindliche Torpedoboote in der Nähe zu wissen. Bei jedem Wetter mit einfacher Ablösung, d. h. Wache um Wache allnächtlich bei den geladenen Geschützen zu liegen, in steter, oft von falschem Alarm unterbrochener Erwartung zu sein, mag in nicht allzulanger Zeit selbst den stärksten Mann entweder abstumpfen oder nervös machen. Im Kampfe zwischen Schnellladegeschütz und Torpedo kann wohl der Zähere, Ausdauerndere den Sieg davontragen.

Torpedoboote werden die beste Gelegenheit abwarten, sie können und sollen ihre Zeit wählen. Das kann der Schnellladekanonier nicht. Nun denke man an eine dunkle Nacht, an Kälte, Nebel, Regen, an überstäubendes Wasser, an eine phosphoreszirende See . . . Da jagt ein dunkles Etwas herbei, von dem man annehmen kann, daß es das Unheil birgt, dort noch eines, ein drittes, viertes, die Scheinwerfer werden in Thätigkeit gesetzt, plötzlich ist ein Boot grell beleuchtet . . . .; ist es schwer, das schnelle Ding im Lichtkegel zu halten, so ist es noch schwerer, das Ziel ruhig zu fassen, ihm ruhig zu folgen, sicher abzukommen. Wahrlich hüben wie drüben sind erforderlich Männer aus Stahl, eiserne Disziplin, kaltes Blut, lange und gewissenhafte Uebung. — Bei stillem Wetter und guter Beleuchtung hat man mit den Schnellladegeschützen große Erfolge erzielt. Am geeignetsten zur Abwehr von Torpedobooten sind Kaliber von 5 bis 10 cm. Zwar hat man neuerdings die Leistungen auch kleinerer Kaliber derart gesteigert, daß ihre Geschosse den Booten verderblich werden; in der Hauptsache aber sind die Maschinengewehre wohl mehr gegen die Besatzungen und die Torpedorohre wie gegen die Bootskörper gerichtet.

8 cm-Geschosse durchschlagen die dünnen Decks, die Wände und die Kohlenbunker der Boote. Mit Maschinengewehren gelingt es nicht, ein Boot während seines Anlaufes zu vernichten. Dagegen ist es wohl möglich, daß die Besatzung dem Feuer zum Opfer fällt und der Angriff dadurch zum Stehen gebracht wird.

Moderne Schiffe sind mit Schnellladekanonen förmlich gespickt, indessen sind nur die kleineren Kaliber zur Abwehr von Torpedobooten bestimmt, und es ist ein glühender Hagel, den Torpedoboote zu erwarten haben, wenn sie ihren Angriff nicht unter für sie günstigen Umständen fehlerfrei ansetzen.

Ein weiteres, oft zweischneidig genanntes Abwehrmittel bilden die Scheinwerfer.

Bekanntlich sind dieses Leuchtapparate, welche mit Hülfe elektrischen Bogenlichtes und gewaltiger Parabolspiegel einen Lichtkegel bis zur Stärke von 60 Millionen Normalkerzen zu erzeugen vermögen. Die Apparate sind pivotirt und liegen in Schildzapfen, so daß sie beliebig gerichtet werden können.

Es giebt zwei Methoden des Gebrauches. Entweder hält man die nächste Umgebung der Schiffe dauernd unter Licht, oder man setzt die Scheinwerfer erst dann in Thätigkeit, wenn die Abwehr, d. h. das Schießen, beginnen soll.

Erstere Art birgt den Nachtheil, daß sie den Booten ohne Weiteres den Ort und die Lage der Schiffe verräth, letztere bedingt große Geschicklichkeit in der Handhabung, denn es ist schwerer, wie es den Anschein hat, ein Boot unter Licht zu halten.

Ein Vortheil des ersteren Verfahrens ist es, daß die Boote gesehen werden, sobald sie in den Lichtkreis, den sie passiren müssen, treten, ein Vortheil des letzteren, daß die Boote geblendet werden. Dieser Vortheil ist nicht zu unterschätzen. Der Kommandant eines Bootes, welches in der Dunkelheit anläuft, wird, sobald ihn das Licht eines Scheinwerfers des angegriffenen Schiffes voll trifft, derart geblendet, daß jedes Entfernungsschätzen aufhört; dann ist es unrathsam, den Torpedo zu lanziren. Bei dauerndem Leuchten wird aber ein Torpedoboot niemals gegen das Licht eines Scheinwerfers angreifen und braucht das auch nicht, denn es hat ja unter den nach allen Richtungen hin leuchtenden Schiffen die Auswahl. Es entzieht sich der eingehenderen Besprechung, welches Verfahren die besseren Resultate auf beiden Seiten geliefert hat.

Ein Abwehrmittel aber, welches dem Uebel, d. h. den Torpedobooten, an die Wurzel gehen soll, sind die Torpedobootszerstörer, und die Flotte, welche sie der Natur der Sache gemäß hauptsächlich zu verwenden gedenkt, ist diejenige Großbritanniens.

Entstanden sind die Torpedobootszerstörer aus den Torpedojägern.

Sowohl die einen, wie die andern haben den Zweck, die Torpedoboote zu suchen und sie zu vernichten, ehe sie zum Angriffe auf die eigene Flotte kommen. Da die Jäger sich dieser Aufgabe nicht gewachsen zeigten, weil ihnen die Beweglichkeit der Boote fehlte, weil sie die erforderliche, überlegene Geschwindigkeit nicht erreichen konnten und weil sie den Torpedobooten nicht überallhin zu folgen vermögen; weil man erkannte, daß ein Torpedoboot als Angriffsobjekt auch nur von einem ihm gleichen oder sehr ähnlichen Fahrzeuge überall vernichtet werden kann, darum wurde aus dem Jäger der Zerstörer, aus dem Schiffe ein Boot.

Die Zerstörer sollen den Flotten, welche z. B. die Aufgabe haben, eine feindliche Flotte zu blockiren, voraneilen, die Torpeboote suchen und sie vernichten.

Zu diesem Zwecke sind die Zerstörer außerordentlich schnell und mit der erforderlichen Artillerie versehen. Außerdem besitzen die Zerstörer noch Lanzirrohre und Torpedos, sollen dieselben aber nur gelegentlich verwenden, denn ihre Hauptwaffe sind ihre Geschütze.

Aber auch für sonstige Aufgaben sind diese Fahrzeuge sehr geeignet, wie Aufklärungs- und Nachrichtendienst, und so findet man die Zerstörer nicht lediglich in der englischen Flotte. Es war früher schon gesagt, daß die deutschen Divisionsboote den Zerstörern sehr ähnlich seien.

Die Geschützarmirung der Zerstörer besteht aus einem größeren (etwa 8 cm) und aus drei bis fünf leichteren Schnellladegeschützen.

Ob die Zerstörer im Ernstfalle ihren Zweck erfüllen, ob sie den hochgeschraubten Erwartungen entsprechen werden?

Wer jemals aus einem Boote bei nur leicht bewegter See geschossen hat, wird wissen, wie schwer das ist. Die Zerstörer sind aber sehr beweglich. Bei ihrer großen Länge schlingern sie sehr leicht und schnell, Erschütterungen durch die mit ihrer Maximalkraft arbeitende Maschine sind unvermeidlich, jedes Ruderlegen bewirkt ein Ueberlegen und Schwanken des Bootes, und Torpedoboote sind ein sehr kleines Ziel.

Indessen der Grundgedanke ist richtig und ein richtiger Gedanke hat auch wohl meist das erwartete Ergebniß.

Aus Vorstehendem ist ersichtlich, daß die Abwehr über viele und über sehr mächtige Mittel verfügt, und kämpfen die Boote mit dem Wahlspruche „Audaces fortuna adjuvat“, so kann es wohl auch sehr leicht vorkommen, daß ein unerschütterliches „Nec soli cedit“ der Abwehr die Siegespalme reicht.

Zwölftes Kapitel.

Der Werth der Torpedowaffe.

Obgleich jeder Leser aus den voraufgegangenen Kapiteln sich selbst ein Bild von der Bedeutung der Torpedowaffe machen kann, so dürfte es doch gerathen sein, in einem kurzen Schlußsatze die Vor- und Nachtheile der Waffe nochmals zusammenzufassen, zumal in letzter Zeit viele unberufene und leider auch einige berufene Stimmen laut geworden sind, welche in unrichtiger Würdigung der Thatsachen Ansichten laut werden ließen, die jeder Erfahrung und sachgemäßen Ueberlegung zuwiderlaufen.

Es betrifft das soeben Gesagte den Typ des zukünftigen Kriegsschiffes und die den Schiffen zu gebende Geschwindigkeit.

England und Frankreich sind es, woher jene Stimmen herüberklangen. Leider fehlte es in Deutschland nicht an einem Echo.

Es soll hier keineswegs das große Gebiet über den zu wählenden, allein richtigen Typ von Kriegsschiffen berührt werden, es kommt hier nur darauf an, festzustellen, ob etwa das Torpedofahrzeug diesen Typ abgeben kann.

Ist dieses festgestellt, so beantworten sich die weiteren Fragen sehr leicht, ja aus dem früher Dargelegten von selbst, ob nämlich ein Torpedoboot gepanzert werden soll, und ob man ihm etwas von seiner Geschwindigkeit nehmen darf.

Man kommt vielleicht am schnellsten zum Ziele, indem man sich die Nachtheile der Waffe vergegenwärtigt und dann die Frage aufwirft:

Kann bei diesen Nachtheilen ein Torpedofahrzeug den Normaltyp des Zukunftskriegsschiffes darstellen?

Es war nachgewiesen, daß der Torpedo nur im Torpedoboote zur selbständigen Waffe wird. Kann man nun mit einem Boote über See gelangen und kann man in Booten dauernd die See halten? Sicherlich nicht, solange die Boote eben Boote bleiben sollen; sicherlich nicht, solange Menschen essen und schlafen müssen um kampffähig sein und bleiben zu können. Es giebt allerdings einen Beruf, welcher seine Träger zwingt, wochenlang auf Booten in See zu sein; das sind Hochseefischer und manchmal Lootsen. Aber die Bewegungen und die Lebensart von und in Torpedo- und Fischerbooten und diese selbst sind nicht in Parallele zu stellen, und es war schon früher erwähnt, daß selbst die erfahrensten Seeleute auf Torpedobooten gelegentlich wieder seekrank werden. Es giebt der Unterschiede viele, hier möge nur darauf hingewiesen werden, daß Fischerboote bei schlechtem Wetter meist Feiertag machen. Torpedoboote fangen dann erst recht zu arbeiten an und können nicht feiern, wann sie wollen.

Torpedoboote können zwar über See gehen und haben das schon oft gethan, aber was man in seemännisch-militärischem Sinne unter Seeausdauer versteht, haben sie nicht.

Vergrößert man die Torpedoboote, dann sind sie eben keine Boote mehr. Sie sollen ja aber Boote bleiben, damit die Waffe selbständig sei!

Der Torpedo ist nur für den Nahkampf geeignet. Könnte man also mit Torpedobooten Unternehmungen gegen feindliche Küstenwerke vornehmen? Man braucht auf die Frage nicht zu antworten!

Der Torpedo ist eine sehr komplizirte Waffe, bedarf in regelmäßig wiederkehrenden Zeitabschnitten wie jede Maschine einer gründlichen Revision, eines Zerlegens in seine Theile und des Wiederzusammensetzens derselben. Auch verlangt er eine sehr sorgfältige Ausbildung des Personals. Kann man das dauernd auf Booten allein machen? Sicherlich nicht!

Es war schon gesagt, daß die Boote der Stützpunkte bedürften. Die Stützpunkte selbst bedürfen der Vertheidigung. Nun sind zwar Boote ein vorzügliches Vertheidigungsmittel. Was sollen sie aber gegen eine überlegene Flotte thun, die tagsüber bombardirt und für die Dauer der Nacht in See geht? Können also Boote allein einen Stützpunkt vertheidigen, können sie verhindern, daß diesem Punkte jede Zufuhr abgeschnitten wird, was doch bei überseeischer Lage desselben leicht eintreten kann?

Da also die Boote nicht ohne Stützpunkte, diese wiederum nur mit Booten allein nicht existiren können, darf man da sich auf letztere verlassen? Nimmermehr!

Die Zahl der Torpedos, die ein Boot mit sich führen kann, ist sehr beschränkt. Wie will man die verschossenen Torpedos ergänzen, wenn nicht Schiffe zur Verfügung stehen?

In England und Frankreich hat man zu diesem Zwecke Depotschiffe, welche auch im Stande sind, Reparaturen größerer Art auszuführen. Das ist wieder ein Beweis, daß Boote allein nicht lebensfähig sind!

Bei Tageslicht, auf hoher See, bei rauhem Wetter sind bei den vorhandenen Abwehrmitteln Schiffe den Booten unbedingt überlegen. Wie will man diesem Nachtheile abhelfen nur mit Booten allein?

Es ist daher ausgeschlossen, daß der Typ des Zukunftsschiffes demjenigen eines Torpedobootes gleichen wird. Da mithin Schiffe nöthig sind, um die Herrschaft zur See zu erlangen und zu halten, es aber auch nicht möglich ist, mit Booten die Schiffe von der See zu vertreiben, ja da sogar Boote allein ihre Stützpunkte auf die Dauer nicht ausreichend zu vertheidigen im Stande sind, wäre es da nicht besser, die Boote überhaupt fallen zu lassen, oder sie zu panzern, damit sie auch am Tage gegen den Feind gehen können?

Es ist schon früher gesagt, daß das Boot nur durch seine Schnelligkeit zur Angriffswaffe wird, daher darf es nicht gepanzert sein, denn die Panzerung ist Gewicht, und Gewicht ist der größte Feind der Schnelligkeit. Eine Panzerung würde eine Vergrößerung nach sich ziehen, das gäbe wieder ein Schiff und in weiterer Folge ein großes Panzerschiff. Man braucht aber Boote, um auch in flachen Gewässern und bei Nacht operiren zu können, man braucht Boote, um eine Defensive selbst mit geringeren Mitteln wirksam machen zu können, man braucht Boote, um den Torpedo verwenden zu können, Boote größerer oder kleinerer Art, jedenfalls Boote.

Ist denn aber der Torpedo so wirksam, daß er die Kosten und Mühen der Herstellung und Ausbildung rechtfertigt?

Es sind in dieser Beziehung in England, Frankreich, Italien und auch in Deutschland Versuche gemacht worden.

Das Ergebniß dieser Versuche war die Einführung der Torpedos; das ist die kürzeste Antwort.

Es war früher schon gesagt worden, daß ein einziger Torpedo ein modernes Schiff wohl nicht zum Sinken bringen wird; denkt man indessen an die mannigfachen, verletzlichen, unter Wasser liegenden und zum Zwecke des Schutzes unter Wasser gelegten Maschinen und sonstigen Apparate eines Schiffes, und berücksichtigt man, daß der Torpedo gerade diese Theile zu treffen und außer Betrieb zu setzen geeignet ist, so wird es einleuchten, daß ein einziger Torpedo sehr wohl ein Schiff außer Gefecht setzen kann.

Weil der Torpedo eine vorzügliche, offensive Vertheidigungswaffe ist, weil er zwar nicht in der, bei seiner Entstehung erhofften, immerhin aber in gewisser Weise geeignet ist, den Unterschied zwischen großen und kleinen Schiffen und Flotten wenigstens etwas auszugleichen, weil er schnellen Erfolg verspricht und weil er, wenn am rechten Orte, in rechter Weise, zur rechten Zeit angewendet, durchschlagenden Erfolg verspricht, darum der Aufwand an Geld und Scharfsinn, darum der Aufwand an Mühe und Arbeit, darum der Aufwand von Zeit und Arbeitskraft, darum das unausgesetzte Bestreben nach Vervollkommnung!

Wird der Torpedo dauernd eine Waffe bleiben?

Wer will und kann die Frage beantworten!

Es seien hier Erfindungen übergangen, wie der kürzlich in England entstandene Lufttorpedo, der nichts Anderes ist als eine größere oder kleinere Menge Sprengstoff, die von einem Luftballon über den

Feind getragen und hier fallen gelassen werden soll, aber es ist nicht ausgeschlossen, daß Waffen von größerer Zerstörungskraft und einfacherer Handhabung den Torpedo überflüssig machen werden. Für die nächste Zeit scheint es nicht, als ob eine andere Waffe den Torpedo verdrängen wird, denn er hält sich nun schon fast 40 Jahre. Wer aber will und kann sagen, daß der Torpedo dauernd seinen Platz behaupten wird? Dauernd allein sind und bleiben nicht die Waffen und Kriegsmittel, sondern nur die Motive zum Kriege und dieser selbst als Kampf ums Dasein im Großen.

Wohl dem, der mit scharfer Wehr streiten soll und will, kämpfen kann und darf

„Mit Gott für den Kaiser und die Heimath."

Anhang.

Der Untergang des Panzerschiffes „Maine“ der Flotte der Vereinigten Staaten von Nordamerika im Hafen von Havana ist von der zur Untersuchung des Falles eingesetzten nordamerikanischen Kommission auf die Explosion einer Seemine zurückgeführt worden.

Da eine solche füglich nur von Spaniern gelegt und in Thätigkeit gesetzt werden konnte, so hat dieses Gutachten vielleicht nicht zum geringsten Theile dazu beigetragen, den Krieg zu entfachen.

Jedenfalls wird die Vernichtung des Schiffes nach der öffentlichen Meinung vielfach auch außerhalb der Vereinigten Staaten den Spaniern zugeschrieben und dient dazu, den Kampf der Vereinigten Staaten als in gerechter Sache geführt erscheinen zu lassen.

Es soll indessen die politische Seite hier ganz außer Betracht bleiben; es ist vielmehr der Zweck der nachstehenden Abhandlung rein sachlich zu prüfen, ob eine Seemine den Untergang bewirken konnte oder nicht.

Die sachliche Seite gehört aber in dieses Buch; denn wenn eine Seemine das Schiff zerstören konnte, so würde das auch mit einem Torpedo möglich gewesen sein, und die Bedeutung der Unterwasserwaffen würde — im Falle die Schlüsse der amerikanischen Kommission richtig sind — ins Ungeheure wachsen.

Der Abhandlung liegen die Vernehmungen und das Gutachten der amerikanischen und der Bericht der spanischen Untersuchungskommission zu Grunde.

Der Untergang der „Maine".

I. Ankunft des Schiffes und Aufenthalt in Havana.

Das Panzerschiff „Maine" traf am 25. Januar in Havana ein und machte nach Anweisung eines Regierungslootsen an einer Boje (Nr. 4) fest.

Der Generalkonsul der Vereinigten Staaten hatte die Nachricht von dem bevorstehenden Eintreffen des Schiffes am vorangegangenen Tage erhalten und an demselben Tage, d. h. am 24. Januar 1898, den spanischen Behörden entsprechende Mittheilung gemacht.

Schon vor der Abreise nach Havana und während des Aufenthaltes daselbst hatte man auf amerikanischer Seite die Möglichkeit feindlicher Unternehmungen ins Auge gefaßt und Vorsichtsmaßregeln getroffen.

Hierher gehört, daß man in Key-West die für das Schiff bestimmten Kohlen auf das Sorgfältigste nach Höllenmaschinen abgesucht hatte; daß man in Havana einen strengen Wachtdienst handhabte; daß man Geschütz- und Gewehrmunition bereit hielt; daß man Fremden nur in seltenen Fällen und dann nur in Begleitung zuverlässiger Personen der Besatzung das Betreten des Schiffes und den Aufenthalt an Bord gestattete; daß alle an Bord gebrachten Gegenstände einer sorgfältigen Untersuchung unterworfen wurden; daß man keine Boote in der Nähe des Schiffes duldete u. A. m.

II. Die Explosion.

Am 15. Februar, also während des 22sten Tages des Aufenthaltes in Havana, ist das Schiff infolge von Explosion um 9 Uhr 40 Minuten abends untergegangen.

Die Explosion hat bei verschiedenen Augen- und Ohrenzeugen verschiedene Eindrücke hervorgerufen.

Aus den sehr zahlreichen Vernehmungen läßt sich ganz deutlich folgende Thatsache erkennen:

1. Personen, welche sich in größter Nähe der Explosionsstelle, die vorn im Schiffe lag, befanden, haben nur eine Detonation gefühlt, gesehen, gehört und gerochen. Hierher

gehören auch diejenigen Personen, welche in der Dampfpinasse sich aufhielten, die an der Steuerbord-Backspier lag.

2. Personen, welche sich weiter entfernt von der Explosionsstelle befanden, also hinten im Schiffe und unter Deck, haben eine oder zwei Explosionen wahrgenommen.

3. Personen, welche sich außerhalb des Schiffes, also an Bord anderer Schiffe oder an Land befanden, haben ganz deutlich zwei Explosionen unterschieden.

Die zuerst genannten Zeugen beschreiben ihre Wahrnehmungen (wie nicht anders zu erwarten) sehr verschieden. Der Eine hat nichts gehört, sondern wurde nur fortgeschleudert; der Andere hörte einen riesenhaften Schlag; ein Anderer sah das Deck sich öffnen; die Mannschaften aus der Dampfpinasse befanden sich plötzlich im Wasser u. s. w.

Dabei hat der Eine Pulvergeruch verspürt, ein Anderer den Geruch verbrannter Kleider.

Die demnächst in Betracht kommenden Zeugen haben eine oder zwei Explosionen wahrgenommen.

Wo nur eine Explosion gemerkt wurde, wird dieselbe wiederum sehr verschieden beschrieben. Hier ist es mehr das Gefühl, dort mehr das Gehör, an dritter Stelle mehr das Gesicht, welches die Wahrnehmung auf die Persönlichkeit übertrug.

Ueberall, oder fast überall da, wo zwei Explosionen verspürt wurden, lauten die Beschreibungen der ersten Explosion sehr merkwürdig. Der eine Zeuge nennt sie einen dumpfen, mächtigen Schall; der andere ein Zittern des Schiffes; der dritte ein Erbeben; ein anderer vergleicht sie mit einem elektrischen Schlage, ein anderer mit einem Kanonenschuß außerhalb des Schiffes; der nächste nennt sie eine Unter-Wasser-Explosion; der folgende sagt, es wäre gewesen, als ob das Schiff von einem Boote gerammt worden sei; es fehlt nicht an einem Zeugen, welcher einfach erklärt: er könne es nicht beschreiben, wie die Explosion gewesen sei; und schließlich ist sogar ein Zeuge vorhanden, welcher sagt: der erste Vorgang wäre keine Explosion gewesen.

Ebenso verschieden lauten die Angaben hinsichtlich des Zeitunterschiedes zwischen beiden Explosionen. Die einzelnen Angaben mögen hier übergangen sein, da es bekannt sein dürfte, daß bei solchen Gelegenheiten die erstaunlichsten Verschätzungen vorkommen.

Festgestellt ist es, daß alle diese Zeugen nur einen sehr kurzen Zeitraum zwischen beiden Explosionen gemeint haben.

Dasselbe oder ein sehr ähnliches Bild ergeben dagegen die Angaben hinsichtlich der zweiten Explosion, welche ohne allen Zweifel durch das Detoniren eines oder mehrerer der vorderen Munitionsräume hervorgebracht worden ist.

Wiederum verschieden lauten die Angaben, ob das Schiff sich bei der ersten oder der zweiten Explosion gehoben oder sich übergelegt habe. Erwiesen ist es, daß das Hinterschiff mit Schlagseite nach Backbord gesunken ist.

Es erübrigt, die Aussagen derjenigen Zeugen in Betracht zu ziehen, die an dritter Stelle genannt sind, d. h. derjenigen, die sich nicht an Bord der „Maine" befanden.

Diese Personen haben ganz deutlich zwei Explosionen wahrgenommen, und wie vorhin — wenn auch nicht so auffällig, da die Zahl der vernommenen Zeugen nur gering ist — weichen die Beschreibungen der ersten voneinander ab, während diejenigen der zweiten Explosion dasselbe oder ein ähnliches Bild, nämlich das einer Ueber-Wasser-Pulverexplosion, ergeben.

Meist wird die erste Explosion mit einem Kanonenschuß aus großer Entfernung verglichen.

Auch die Zeitunterschiede werden verschieden groß angegeben. Als erwiesen darf es aber betrachtet werden, daß der Zeitunterschied sich an den Aufenthaltsorten dieser Personen bedeutend bemerklicher machte wie an Bord der „Maine" selbst.

Einige dieser Zeugen wollen ein Sich-Erheben des Schiffes bemerkt haben.

Folgende negativen Ergebnisse haben die Aussagen aller drei Kategorien von Zeugen gehabt:

Es ist bei der Explosion kein Wasser in die Luft geschleudert worden;

es ist keine Wellenerscheinung beobachtet worden;

es sind keine todten oder betäubten Fische bemerkt worden.

III. Das Wrack der „Maine".

Die Wirkung der Explosion oder der Explosionen ergiebt sich am deutlichsten aus einem Vergleiche der beigegebenen Zeichnungen 1, 2 und 3 und der Abbildungen a und b.

Es ist ersichtlich, daß die „Maine" ihre schweren (25,4 cm-) Geschütze in Thürmen führte, welche in diagonaler Richtung (d. h. der vordere an Steuerbord, der hintere an Backbord) auf dem Oberdeck standen.

Durch die Explosion ist das Vorschiff einschließlich des vorderen Thurmes vollständig von dem Hintertheile des Schiffes losgesprengt worden. Vom Vorsteven bis Spant 18 hängt der vordere Theil noch zusammen (Fig. 3), es folgt ein gewaltiger Trümmerhaufen und an diesen schließt sich das Hinterschiff an, welches von den vorderen Kesseln nach hinten zu wiederum zusammenhängt, in der Gegend der Kessel aber auseinandergetrieben ist.

Um dieses Wrack herum liegen Wrackstücke, wie sie in Fig. 2 angegeben sind.

Hervorgehoben muß werden, daß an Backbord, querab von der Sprengstelle, keine Wrack- oder Sprengstücke gefunden worden sind und daß auch der vordere Thurm bislang nicht entdeckt werden konnte.

Der Vorsteven ist nach Backbord verschoben worden, wenn man die Sprengstelle als Drehpunkt ansieht. Der Fockmast ist nach Backbord vorn gefallen, der vordere Schornstein auf die Steuerbordseite des Aufbaudecks, der achtere auf den hinteren Thurm, also nach Backbord.

War bislang eine Beschreibung der Ansicht von oben gegeben, so erübrigt noch je eine Darstellung der Wirkungen, von der Seite und von vorn oder hinten gesehen.

Von Backbord gesehen, zeigt sich das Vorschiff mit der Bruchstelle in die Höhe gehoben, der Sporn (Fig. 3) ist mithin in den Boden gedrungen. Die drei Stellen H, K und M (Fig. 1a) liegen jetzt über Wasser und sind, von hinten nach vorn gesehen: H ein Stück des Spantes 17 und des zweiten Längsspantes; K ein Stück des Backbord-Panzerdecks, querab vom Kettenkasten; M ein Stück des Backbord-Zwischendecks mit dem Reste eines Speigats, abgebrochen bei Spant 19.

Trümmer.
Spanten.
Spt. 22 u. 23.
Schlick.
Kiel.
Spt. 18.
Spt. 17.
a
b
Wasser Linie
Stevenplatte

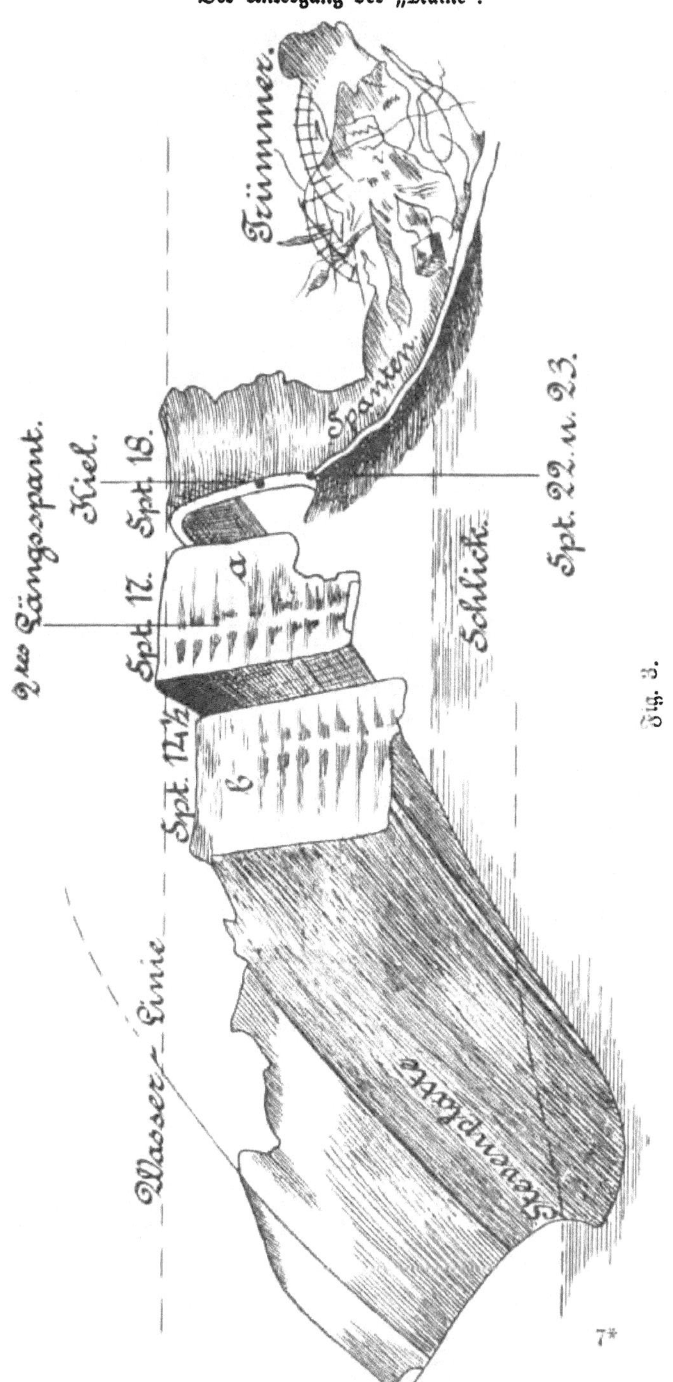

Fig. 3.

Bei Spant 18 ist der Kiel eingeknickt (Figur 3) und ragt bis dicht unter die Wasseroberfläche; die Backbord-Seitenwand des Schiffes ist von diesem Punkt nach vorn zu in mehrere Lappen gerissen, welche, nach außen und nach vorn herumgebogen, die ungefähre Gestalt eines auf dem Kopfe stehenden V bilden.

Beim Vorsteven, oder unter der Sprengstelle, jedenfalls in der Nähe beider, zeigt der Boden des Hafens ein Loch. (Die Angaben der Taucher über den genauen Ort weichen voneinander ab.)

Im Hinterschiffe sind das Panzerdeck an Backbord zwischen Spant 30 und 41 leicht nach Backbord und in die Höhe, das Oberdeck an Steuerbord zwischen denselben Spanten leicht nach Steuerbord, in die Höhe und mit den darüberliegenden Theilen des mittleren Aufbaues nach hinten und auf sich selbst zurück gebogen worden; das Deck bildet also auch hier ein V, dessen offene Seite nach hinten liegt.

Von hinten gesehen liegt das Hinterschiff nach Backbord über; das Vorschiff ist nach Steuerbord auf die Seite gelegt worden.

IV. Das Gutachten der Untersuchungskommission der Vereinigten Staaten.

Auf Grund der Vernehmungen und des Befundes hat die von der Regierung der Vereinigten Staaten eingesetzte Untersuchungskommission ein Gutachten abgegeben, welches dahin lautet, daß:

1. die „Maine“ am 25. Januar in Havana angelangt u. s. w.;
2. die Disziplin an Bord vorzüglich gewesen u. s. w.;
3. daß das Schiff am 15. Februar um 9 Uhr 40 Minuten abends, auf seinem bisherigen Platze liegend, zerstört, und zwar infolge von zwei Explosionen zerstört worden sei; daß diese Explosionen ausgeprägt verschiedenen Charakters gewesen wären und nur einen sehr kleinen Zeitunterschied zwischen sich gehabt hätten; daß die erste Explosion mehr einem Schusse geglichen habe, während die zweite mehr offen, von längerer Dauer und größerem Umfang gewesen sei und daß letztere auf die theilweise Explosion von zwei oder mehreren der vorderen Munitionskammern zurückzuführen sei;

4. daß bestimmte Angaben über den Zustand des Wracks nicht gemacht werden könnten, da die Angaben nur von Tauchern stammten; daß dagegen das Auf- und Zurückbiegen des Ober- und des Panzerdecks zwischen den Spanten 30 und 41 von der theilweisen Explosion von zwei oder mehreren Munitionsräumen des Vorschiffes abzuleiten sei;
5. daß eine Stelle der Außenhaut des Schiffes bei Spant 17, welche bei normalen Verhältnissen 11½ Fuß seitwärts der Mittellinie und 6 Fuß über dem Kiel gelegen ist, in eine Stellung getrieben wurde, die jetzt 4 Fuß über Wasser, daher 34 Fuß höher liege wie dann, wenn das Schiff unverletzt gesunken wäre;

   daß der äußere Schiffsboden in die Gestalt eines umgekehrten V und dessen hinterer Flügel, welcher 15 Fuß breit und 32 Fuß lang ist (von Spant 17 bis 25) auf sich selbst und gegen seine eigene Verlängerung nach vorn zu umgebogen worden sei;

   daß die Mittelkielplatte (vertikale) bei Spant 18 gebrochen und daß die flache mittlere Bodenplatte (flache Kiel) in einen ähnlichen Winkel gebogen sei wie die Bodenbeplattung; daß diese Bruchstelle sich jetzt 6 Fuß unter Wasser und ungefähr 30 Fuß über ihrer normalen Stellung befinde;

   daß diese Wirkung nur durch eine Mine hervorgebracht sein könne, welche sich bei Spant 18 unter dem Schiffsboden und etwas an Backbord befunden habe;
6. daß der Verlust des Schiffes Niemandem der Schiffsbesatzung zur Last falle;
7. daß der Verlust des Schiffes vielmehr durch die Explosion einer Unter-Wasser-Mine bewirkt worden wäre, welche (Explosion) wiederum das Detoniren zweier oder mehrerer der vorderen Munitionsräume zur Folge gehabt habe, und schließlich
8. daß hinsichtlich der Verantwortlichkeit eine bestimmte Person oder irgendwelche Personen nicht bezeichnet werden könnten.

V. Das Gutachten der spanischen Kommission.

Die zu gleichem Zwecke eingesetzte spanische Untersuchungskommission weist die Möglichkeit, daß die „Maine“ durch eine Mine zerstört worden sei, weit von sich und hält es auch für unmöglich, daß ein Torpedo solches sollte bewirkt haben können. Es seien weder eine Beobachtungsstation, noch Kabel zum Zünden einer Mine gefunden worden.

Es hätten ferner alle mit der Explosion eines Torpedos verbundenen Begleiterscheinungen, wie aufsteigende Wassersäule, Bewegung des Wassers, Erschütterungen an Land, getödtete Fische, gefehlt, und der Hafendamm hätte keine Beschädigungen aufzuweisen.

Es wird ferner aufgeführt, daß es nicht gelungen sei, Angaben über die Mengen explosiver Stoffe zu erhalten, welche die „Maine“ an Bord gehabt habe, daß es nicht gelungen sei, Vernehmungen von Personen der Schiffsbesatzung anzustellen, und schließlich, daß die Kommission daran verhindert worden wäre, eine Besichtigung des Wracks vorzunehmen, daß aber, als solches möglich, das Wrack schon zu tief in den Schlick versunken gewesen sei.

Eine Veränderung des Meeresbodens hätten die spanischen Taucher nicht konstatiren können, wohl aber stände es außer allem Zweifel, daß an Bord der „Maine“ Munitionsräume explodirt seien.

Schließlich wird angeführt, daß bislang noch kein Fall bekannt sei, in dem eine Mine oder ein Torpedo auch die Munitionsräume eines Schiffes zur Explosion gebracht habe, daß dagegen eine Menge von Ursachen denkbar wären, welche eine Entzündung hätten zur Folge haben können.

Daher lautet das Gutachten dahin, daß:

1. die „Maine“ durch eine Explosion im Vorschiffe zu Grunde gegangen sei,
2. daß nach den Schiffsplänen nur Pulver und Granaten in Frage kämen,
3. daß die betreffenden Munitionsräume nach den Plänen von Kohlenbunkern umgeben gewesen wären,
4. daß die Explosion nur innere Ursachen gehabt habe,
5. daß es für die spanische Kommission unmöglich sei, die inneren Ursachen aufzudecken,

6. daß eine eventuelle genauere Untersuchung des Wracks die Richtigkeit obiger Schlüsse darthun würde, daß aber diese Besichtigung nicht nöthig sei, um die Richtigkeit der Schlüsse zu bekräftigen.

VI. Ist die „Maine" durch eine Mine zerstört worden?

Es wird zunächst den Gründen nachzuforschen sein, welche die amerikanische Kommission bewogen haben, an die Wirkung einer Mine zu glauben.

Nach Ansicht dieser Kommission hat nur eine Mine das Hochtreiben des Achtertheiles des abgesprengten Vorschiffes bewirken und den Bodenplatten und dem Kiele die umgedrehte V-Form geben können; ferner behauptet die Kommission, daß das Pulver der Munitionsräume durch die Mine entzündet worden wäre.

Der Einwand, der hier zu machen ist, läßt sich durch zwei Fragen am besten illustriren:

1. Hält man die Ergebnisse der Sprengtechnik für so fortgeschritten, daß es möglich sein sollte, an einem und demselben Objekt die Wirkungen zweier kurz aufeinander erfolgter Sprengungen voneinander zu unterscheiden, und ist es daher möglich, von den Wirkungen wieder rückwärts auf die Ursachen zu schließen?
2. Wenn nun die erste Explosion wirklich diejenige einer Mine war, und wenn sie dem Kiel und der Bodenbeplattung jene V-Gestalt verlieh: welche Wirkung hatte denn die zweite Explosion auf die V-Form?

Die Sprengtechnik — nicht etwa die Kenntniß der Sprengstoffe selbst — ist ein noch recht wenig beackertes Feld.

Es ist allerdings möglich, daß eine Mine, wenn sie vorhanden war, jene V-Form erzeugte, es ist möglich, daß die zweite Explosion das V noch mehr ausgeformt hat; es ist aber (Zeichnung 3) auch die Behauptung zulässig: Wenn eine Mine den Kiel bei Spant 18 nach oben trieb, dann mußte die zweite, augenscheinlich stärkere Explosion, welche oberhalb wirkte, den Kiel wieder nach unten treiben; folglich kann das In-die-Höhe-treiben des Kiels bei Spant 18 nicht von der Explosion einer Mine herrühren.

Wenn ferner die amerikanische Kommission annimmt, daß der Inhalt der Munitionsräume durch die Mine entzündet worden sei, so steht dieser Ansicht bislang eine experimentale Bestätigung nicht zur Seite.

Die Erschütterung kann die Explosion nicht bewirkt haben, denn, wenn es auch bei Hochexplosivstoffen, wie Dynamit, Schießwolle, Melinit u. s. w. der Fall ist, welche nur durch Erschütterung (d. h. durch eine besondere Explosion) zur Explosion, durch eine Flamme aber nur zum Abbrennen gebracht werden, so ist das bei Pulver nicht ohne Weiteres anzunehmen. Hier muß also eine Flamme oder eine Stichflamme (der Mine) durch die doppelte Bodenbeplattung und sonstigen Wände hindurch die Entzündung verursacht haben, wenn eine Mine als Ursache der Explosion gelten soll. Oder besteht das amerikanische Pulver aus Hochexplosivstoffen, und ist es so gefährlich, daß es durch die Erschütterung entzündet werden kann?

Aber weiter! Befand sich wirklich eine Mine bei Spant 18 etwas an Backbord unter dem Schiffsboden, wie die amerikanische Kommission annimmt, so hat diese Mine eine höchst erstaunliche Wirkung gehabt, welche den bisherigen Erfahrungen geradeswegs widerspricht.

Aus Fig. 1 und Fig. 3 ist der Ort ersichtlich, wo die Mine sich befunden haben soll. Es sind, wenn letztere Zeichnung nur einigermaßen richtig ist, an dieser Stelle die verschiedenen umgekehrten V-Biegungen entstanden. Die Mine hätte also die Biegungen und die (in der Zeichnung) von oben nach unten laufenden Schlitze hervorbringen müssen, und die dunkle Stelle (Fig. 3) wäre etwa der Sprengmittelpunkt. Entweder mußte also die Mine zuerst diese Sprünge erzeugen, und ihr Feuerstrahl mußte bis in die Munitionskammer, welche, bei Spant 18 beginnend, nach hinten reicht, durchdringen, oder die Mine mußte zuerst die gewaltige Beule in den Schiffsboden schlagen, welche durch die V's repräsentirt wird, die Bordwand mußte dann oder während des Entstehens der Beule reißen, und nun konnte der zündende Feuerstrahl durchdringen.

In Wirklichkeit haben aber Minen bislang stets ein Loch geschlagen, welches nicht, wie die dunkel gezeichnete Stelle der Fig. 3 oder wie der nächste rechts gelegene sehr ähnliche Schlitz längs der Mittelkielplatte aussieht, oder Minen haben Beulen erzeugt, wenn nämlich ihre Kraft zum Durchschlagen der Schiffswand nicht ausreichte.

Die Mine aber, welche die Kraft hatte, den Kiel bei Spant 18 bis dicht unter die Wasseroberfläche zu treiben, muß eine gewaltige Kraft gehabt haben und muß einen sehr langsam brennenden Sprengstoff enthalten haben, denn im anderen Falle zertrümmert sie die ihr entgegenstehenden Hindernisse und erzeugt keine so auffallende Beule.

Konnte nun ein langsam brennender Sprengstoff die Zeit finden, mit seinem Feuerstrahl bis in die Munitionskammer durchzudringen? Konnte er gewissermaßen sein Feuer so lange halten, bis ein Loch dafür, also gewissermaßen ein Zündloch, entstanden war?

Ein Loch aber entsteht doch erst beim Weiterentwickeln der Beule und ist nicht unbedingt nothwendige Initialerscheinung derselben.

Sei dem, wie ihm wolle, man thut jedenfalls gut, nach einer einfacheren Erklärung zu suchen.

Die sonstigen Gründe, welche gegen die Annahme sprechen, daß eine Mine die Ursache des Unterganges des Schiffes gewesen sei, werden schon im Gutachten der spanischen Kommission genannt und haben bereits früher unter II. Erwähnung gefunden; es muß trotzdem an dieser Stelle noch gesagt werden, daß die verschiedensten Zeugenaussagen der Annahme einer Mine direkt entgegenstehen, und daß die Aussagen mancher Zeugen direkte Widersprüche in sich enthalten. So sagt ein Zeuge, es wäre eine sehr schwere Mine gewesen, behauptet dann aber, daß das Schiff sich nicht gehoben habe; der Sachverständige sagt aber, daß eine schwere Mine eine Bewegung des Schiffes wie im Seegang erzeugt haben würde. Ein weiterer Zeuge sagt direkt aus, der erste Vorgang wäre keine Explosion gewesen; wiederholt sei daher auf das unter II. beschriebene Bild der Explosion hingewiesen.

Nun wird von der amerikanischen Kommission selbst die Explosion der Munitionsräume zugegeben. Das Feuer der Mine, wenn eine solche vorhanden war, mußte also bis in die Munitionsräume, speziell die vorderste Sechszöller-Munition, dringen. Gleichzeitig mußten hier einige Granatpatronen vom Feuer vollständig umspült werden, und nun mußte die Explosion sich weiter fortpflanzen. Es kann sein, daß dem so war; es ist dies aber eine schwer zu begründende Annahme.

Ist es aber zweifelhaft, ob eine Mine explodirt ist, so steht die Explosion von Munitionsräumen außer jedem Zweifel. Es wäre überflüssig, dieses des Längeren beweisen zu wollen, da die amerikanische Kommission selbst es zugiebt.

Es sei daher die Wirkung der letzteren Explosion allein einer Untersuchung unterzogen.

VII. Wie hat die Pulverexplosion gewirkt?

Fig. 4 und 5 stellen Ansichten der Munitionsräume dar.

Zunächst sei angenommen, daß eine, und zwar nur eine Explosion bei ungefähr Spant 24 stattfinde. Sollte es sich ergeben, daß die Wirkungen und Erscheinungen die Annahme bestätigen, so muß umgekehrt die letztere richtig sein.

Wird eine Explosion, die ungefähr in der Symmetrieebene des Schiffes innerhalb der Munitionsräume stattfindet (Fig. 4), nach allen Seiten dieselbe Wirkung haben?

Ohne Zweifel schlägt eine Explosion dort durch, wo sie den geringsten Widerstand findet.

Wo findet die Explosion bei Spant 24 und dahinter den geringsten Widerstand?

Es dürfte die Behauptung nicht zu kühn sein: zunächst nach Backbord oben, demnächst nach Backbord und nach Steuerbord unten; denn hier dürften die Widerstände die geringsten sein.

Da der vordere Thurm an Steuerbord steht, so muß naturgemäß die Beanspruchung der Verbände, wie Spanten, Decksbalken und Längsverbände, eine auf jeder Schiffsseite verschiedene sein, da die Backbordseite unbelastet ist.

Jedenfalls liegt in der Richtung vom Sprengzentrum nach dem Mittelpunkte des Thurmes der größte Widerstand, gegenüber dem Thurm an Backbord der geringste.

Wohin muß mithin die Hauptrichtung der Explosion, die Sprenggarbe, zeigen?

Vom Sprengzentrum nach links oben, d. h. nach Backbord! Hier hinaus mußte die Hauptwirkung erfolgen, hier hinaus ist sie auch erfolgt, denn an dieser Stelle ist nichts mehr von dem Schiffe vorhanden; hier fehlt ein Stück Bordwand!

Nach Steuerbord oben ist die sichtbare Kraftentfaltung innerhalb des Spantes die geringere gewesen, denn hier setzte das Gewicht des Thurmes, vielleicht auch eine stärkere Konstruktion, den meisten Widerstand entgegen; daher findet sich auch an Steuerbord, im Gegensatz zu der leeren Stelle an Backbord und ihr gegenüber, ein großer

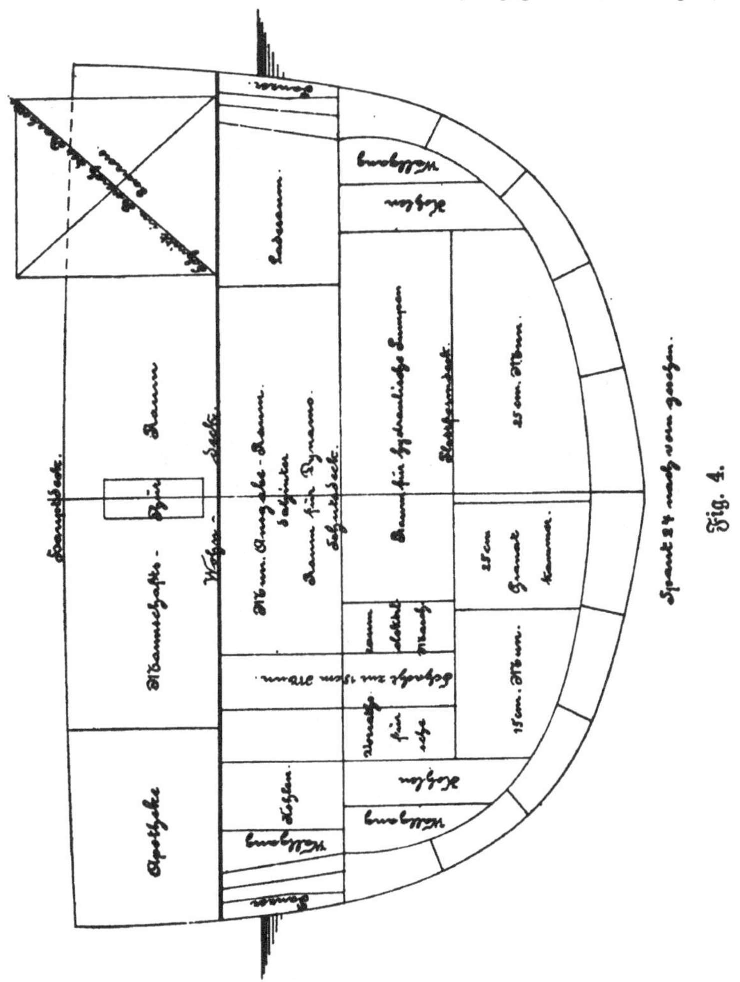

Fig. 4.

Trümmerhaufen, der eben von den Ueberresten des Thürmes gebildet wird.

Was wird aber die weitere Folge der Lösung der Schiffsverbände in der Umgebung des Spantes 24 sein? Offenbar wird doch das Gegengewicht zum Steuerbord vorderen durch den Backbord achteren Thurm erzielt. Es hat mithin das Vorschiff die Tendenz, die Vorbedingung zur Schlagseite nach Steuerbord, das Achterschiff nach Backbord. In dem Momente, wo die Sprengung aus dem Schiffe

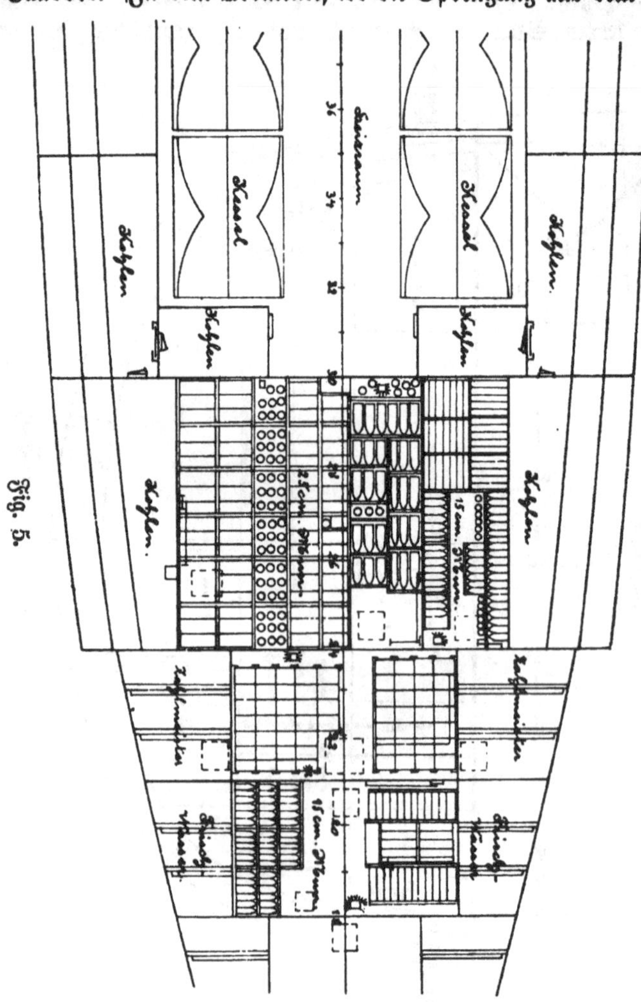

Fig. 5.

einen vorderen und einen achteren Theil zu machen beginnt, treten mithin auch Kräfte — und wohl nicht ganz unwesentliche — auf, welche das Vorschiff nach Steuerbord, das Achterschiff nach Backbord um die Längsachse drehen.

Die Wirklichkeit aber bestätigt die Voraussetzung, denn thatsächlich liegt der abgesprengte vordere Theil des Schiffes auf seiner Steuerbordseite, und das Achterschiff liegt mit einer Neigung nach Backbord

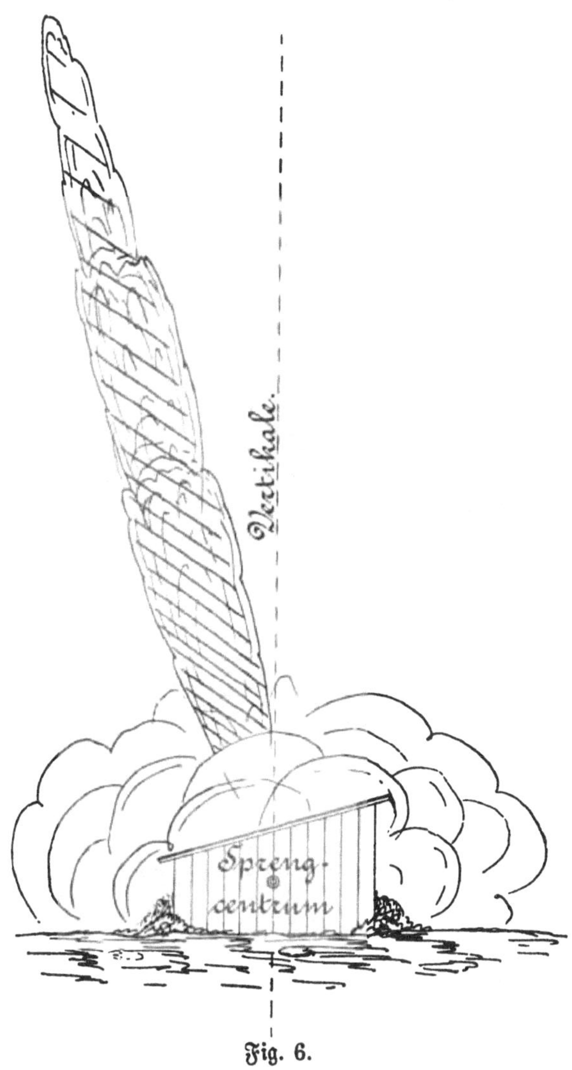

Fig. 6.

auf Grund, und die Geschütze des vorderen Thurmes liegen zu unterst des bereits genannten Trümmerhaufens (Fig. 3) und konnten daher naturgemäß nicht gefunden werden.

Das oben hinsichtlich der Richtung der Maximalwirkung Gesagte muß vielleicht des Näheren bewiesen werden. Es genüge die Anführung folgender thatsächlicher Erscheinungen: Ein mit Explosivstoffen gefüllter Schuppen mit einfachem schrägen Dach zeigt bei der Sprengung das in Fig. 6 wiedergegebene Bild, ein mit doppeltem schrägen Dach versehener Schuppen das Bild der Fig. 7. Jede weitere Erklärung scheint überflüssig.

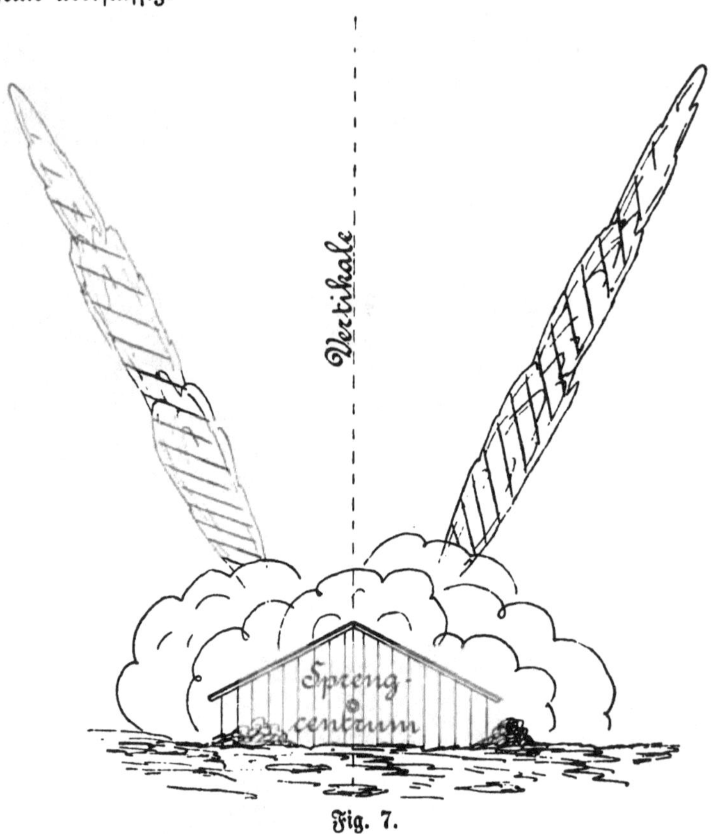

Fig. 7.

Vergegenwärtigt man sich nunmehr das Bild der Sprengung, z. B. von Backbord gesehen, so wird man finden, daß das Vorschiff infolge der Form der Sprenggarbe einen Impuls mit seiner Oberkante nach vorn erhält — man denke an das Hinterschiff, dessen nach oben und hinten umgebogene Decks dasselbe Bild, naturgemäß mit der Kraftrichtung nach hinten, zeigen —, der abgesprengte Theil des

Schiffes wird mithin mit dem Vorsteven zuerst nach unten gedrückt; es können aber auch die Gewichte des Vorstevens, der Anker und der Buggeschütze diese Drehung um eine horizontale Querachse bewirkt haben, wenn nämlich infolge der Explosion die Verbindungen mit dem weiter zurückgelegenen Steuerbordthurm weiter gelöst sind. Nun ist das Vorschiff schnell, das Achterschiff langsamer gesunken. Das Vorschiff lag mithin zuerst auf Grund, sollte sich da nicht der Knick im Kiel, das vielberufene umgekehrte V des Kieles, von selbst während des Sinkens des Schiffes gebildet haben?

Die Bruch- bezw. Biegestelle muß ja sogar hoch und dicht unter Wasser liegen.

Man denke sich den ungefähr bei Spant 18 abgebrochenen Schiffstheil in aufrechter Lage auf dem Meeresboden stehend. Nun denke man sich den Sporn in den Meeresboden herabgedrückt und den abgesprengten Theil des Schiffes (von hinten gesehen) nach rechts hin übergerollt. Entsprechend der Gellung*) des Schiffes wird sich der Kiel vom Meeresboden erheben, und zwar mit seinem vordersten Theile am wenigsten, mit seinem hintersten Punkte — und das ist die Stelle bei Spant 18 — am höchsten.

Diese Lage hat das Vorschiff der „Maine".

Das Hinterschiff liegt mit einer Krängung nach Backbord auf dem Meeresboden. Von Spant 18 an ist die Verbindung mit dem Hinterschiffe gelockert oder ganz gelöst.

Da nun der Kiel vom Vorsteven bis Spant 18 im Vorschiffe noch fest oder einigermaßen fest liegt, die Bruchstelle durch das Ueberrollen zur Seite in die Höhe getrieben ist, so mußte der Kiel ungefähr an dieser Stelle ein V bilden, denn seine Fortsetzung nach hinten liegt ja unter den Trümmern des Schiffes von Spant 23 bis 30 und unter dem Hinterschiffe, mithin auf dem Meeresboden, also tief.

Es muß die Sprengung noch in ihrer Wirkung von oben betrachtet werden. Die Verschiebung des Vorschiffes aus der Kiellinie, mithin die Drehung um eine Vertikalachse, kommt weniger in Betracht und dürfte sich ähnlich erklären lassen, wie die vorhin beschriebene Drehung um die Querachse; von Wichtigkeit aber ist die Entstehung jener V-förmig gebogenen Lappen Fig. 3.

---

*) „Gellung" heißt die gebogene Form der Schiffswand.

Denkt man sich die Wirkungen der Explosion, welche nach Backbord unten und nach der Seite gerichtet sind (Fig. 4 und Fig. 1), so ergiebt sich, daß ein Zerreißen des Schiffsbodens längs der Längsspanten und des Kieles nicht allein möglich, sondern sehr wahrscheinlich ist, daß mithin einzelne Lappen in radialer Richtung vom Sprengzentrum abstehen. Wird nun das Vorschiff um eine Längs-, eine Quer- und eine Vertikalachse gedreht, so ergiebt sich die eigenthümliche Lage, welche zu der Annahme geführt hat, daß diese V-förmig gebogenen Lappen von der Explosion einer Mine herrühren müßten. Ein Blick auf das Hinterschiff zeigt übrigens auch dieses V. Das Steuerbord-Oberdeck ist mit dem auf ihm ruhenden Aufbau nach oben, zurück und auf sich selbst gebogen worden. Schon vorhin ist gesagt, daß sich hier ein V gebildet hat, dessen offene Seite nach hinten zeigt.

Denkt man sich dieses Deck um eine Längsachse bis unter Wasser gedreht — da hat man dasselbe V, wie es das Vorschiff zeigt, nur zeigt es, weil es hinter dem Sprengzentrum liegt, mit seiner offenen Seite nach hinten.

Erwähnt soll an dieser Stelle schließlich sein, daß auch das räthselhafte Loch im Meeresboden bei dieser Explosion oder beim Eindringen des Vorstevens in den Schlick entstanden sein mag.

Es erscheint nach Vorstehendem keineswegs ausgeschlossen, daß nur eine Pulverexplosion allein die Zerstörung der „Maine" bewirkt habe.

Sollte es nun noch möglich sein, die Wahrnehmungen während der Explosion auf natürlichem Wege zu erklären, so würde der Ring der Vermuthungen geschlossen sein, welche für die Annahme nur einer Explosion sprechen.

VIII. Wie äußert sich eine Explosion auf Auge, Ohr und Gefühl?

Zu Beginn dieses Abschnittes sei auf eine Arbeit im Februar-Heft der „Marine-Rundschau" hingewiesen, welche von Doppelerscheinungen bei Explosionen handelt.

Die in dieser Arbeit gemachten Wahrnehmungen haben inzwischen auch für Ueber-Wasser-Explosionen Bestätigung gefunden; auch der amerikanische Sachverständige kennt eine Doppelwirkung, hat dafür aber eine andere Erklärung.

Es äußert sich thatsächlich jede Explosion auf zweierlei Weise.

Vielleicht geht man nicht zu weit, wenn man das Vorhandensein dieser Doppelerscheinungen für jedes plötzliche und heftige Aendern der jeweiligen Bewegung aller Massen behauptet.

Aus dem Leben mag hier eine Beobachtung angeführt sein. Wird z. B. in einer stillen Nacht, wenn andere Geräusche nicht stören, in der Ferne mit schweren Geschützen geschossen, so hört man zuerst ein leises Klirren der Fenster und dann erst den Schall des Schusses.

Wenn man schwere Gegenstände fallen sieht, so merkt man zuerst ein Zittern des Erdbodens und hört dann erst den Schlag.

Alle Vergleiche hinken mehr oder minder.

Wer aber schon eine kräftige Explosion zu beobachten Gelegenheit hatte, wird sich sehr deutlich zweierlei Wahrnehmungen erinnern. Bei Unterwasserexplosionen merkt man sehr deutlich als erste Erscheinung einen — es sei der Ausdruck gestattet, da es für dieses je ne sais quoi noch kein Wort giebt — Knacks, einen kurzen Stoß; man empfindet bei schweren Explosionen das, was ein bei ernster Sprache freilich nicht gebräuchliches Wort bezeichnet, was hier aber, da es das Schwarze trifft, absichtlich angeführt werden soll, man verspürt ein „Ra—bum".

Die wissenschaftliche Erklärung findet sich, wie schon gesagt, in dem vorerwähnten Aufsatze des Februar-Heftes der „Marine-Rundschau"; als allgemeine Erklärung mag angeführt sein, daß der erste, vom Verfasser jenes Aufsatzes Vibrationsstoß genannte Stoß sich in der Erdoberfläche bedeutend schneller fortpflanzt wie die Kraftentfaltung und die von ihr herrührende Erschütterung selbst.

Nur in großer Nähe der Explosion spürt man einen Schlag, hier fallen „Ra" und „Bum" zusammen, oder zu nahe zusammen, um durch die menschlichen Sinne unterschieden werden zu können; je größer die Entfernung, desto größer der Unterschied der Fortpflanzungsgeschwindigkeiten, desto größer die Wahrnehmbarkeit, desto deutlicher zwei Empfindungen.

Auch die Menge des explodirenden Stoffes ist von Einfluß. Je kleiner die Menge, desto undeutlicher, je größer, desto deutlicher die Doppelwirkung.

Diese Doppelerscheinungen äußern sich auf verschiedene Menschen verschieden. Der eine hört es mehr, der andere fühlt es mehr, jedenfalls haben aber die meisten, oder fast alle Menschen zwei **Empfindungen.**

Sollten nicht hiermit die verschiedenen Wahrnehmungen bei der Explosion der „Maine" in engstem Zusammenhange stehen?

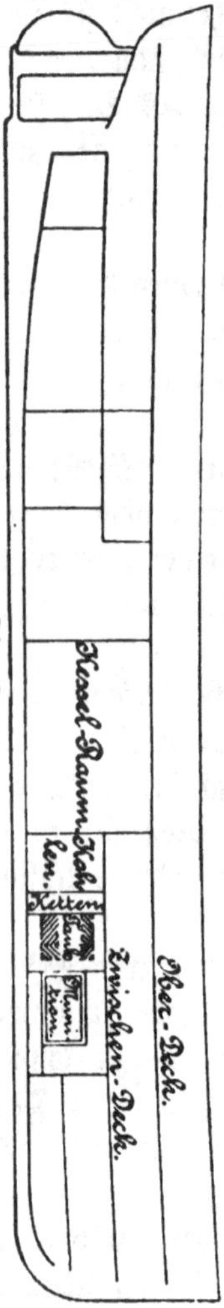

Hat aber nur **eine** Explosion stattgefunden, wie war die möglich?

Jenun, auch dafür findet man in dem Bericht der Kommission Anhaltspunkte, wenn auch keineswegs angezweifelt werden soll, daß die Ordnung an Bord der „Maine" eine musterhafte gewesen war. So finden sich Aussagen, daß an einer Stelle Oel in die Bunker leckte, daß die Nüchternheit eines Lastmannes nicht stets über allen Zweifel erhaben, daß der Betrieb der elektrischen Beleuchtung nicht immer in Ordnung gewesen sei, daß die Thermostate der Kohlenbunker manchmal falsch angezeigt hätten, daß eine wasserdichte Thür im Proviantausgaberaum (paymasters issuing room) nicht dicht geschlossen habe, daß der Feuerwerker seit drei Wochen vor dem Unglück vom Dienst suspendirt worden war, daß im paymasters store room (Proviantlast?) Kleider aufbewahrt wurden, und andere Kleinigkeiten mehr.

Es finden sich aber auch Aussagen, daß die Ronde an jenem Tage nicht durch das ganze Schiff gekommen war, daß alle Panzerluks im Vorschiffe geschlossen, und daß die angrenzenden leeren Kohlenbunker an jenem Tage oder kurz vorher frisch gemalt worden waren.

Wer kann sagen, daß unten im Schiffe Alles in Ordnung, wer kann sagen, daß irgend Etwas nicht in Ordnung gewesen sei?

Fig. 8.

IX. Was kann mithin der Grund der Explosion an Bord der „Maine" gewesen sein?

Die Frage definitiv zu beantworten, ist schwer.

Die größte Wahrscheinlichkeit hat die Annahme, daß infolge von Gasbildung aus Kohlen oder frischer Farbe und durch irgend welche Entzündung dieser Gase, vielleicht auch durch einfache Selbstentzündung die vorderen Munitionsräume zur Explosion gebracht worden sind, daß nur eine Explosion stattgefunden hat, daß aber eine Mine nicht mit im (sehr ernsten) Spiele gewesen ist.

Fig. 8 zeigt die englische Korvette „Doterel“, welche infolge Explosion der vorderen Pulverkammer ebenfalls zu Grunde ging. Hier waren Farbegase die Quelle des Unheils. Die Aehnlichkeit der Verhältnisse ist in die Augen springend.

Es erübrigt nur noch zu bemerken, daß die amerikanische Kommission dadurch, daß sie zwei Explosionen zugegeben hat, sich augenscheinlich in einen Widerspruch verwickelt hat.

Hätte sie ihr Gutachten dahin gefaßt, daß nur eine Mine das Schiff zerstört habe, so wäre dieses Urtheil weniger anfechtbar gewesen wie das jetzige.

Wird aber die Vergangenheit die Ursachen zum Untergange der „Maine“ nicht klarlegen, so muß die Zukunft lehren, ob die Ansicht der amerikanischen Kommission thatsächliche Begründung hat oder nicht.

Denn wenn die Explosion einer Mine allein oder mit ihren Folgen im Stande ist, so ungeahnt verheerende Wirkungen auszuüben, wie im Falle der „Maine“, dann müssen in Zukunft weitgehende Aenderungen im Schiffbau, wie Verstärkung der Bodenkonstruktion, Verlegung der Munitionsräume u. A., stattfinden, um Schiffe gegen Minen und folglich auch gegen Torpedos besser wie bisher zu schützen.

Geschieht dieses nicht, so wird es als ein Beitrag dafür anzusehen sein, daß das Gutachten der Untersuchungskommission der Vereinigten Staaten Trugschlüsse enthält.

Zeitfracht Medien GmbH
Ferdinand-Jühlke-Straße 7
99095 Erfurt, Deutschland
produktsicherheit@kolibri360.de